THE JLC FIELD GUIDE EN ESPAÑOL

Estructura

Un libro de Journal of Light Construction

www.jlconline.com

Primera impresión: Mayo 2005

Edición original en inglés por Clayton DeKorne
Ilustraciones por Tim Healey
Traducción al español por Martha Villarreal
y Alejandra Quevedo
Revisión técnica en español por Oscar Gonzalez

Número estándar internacional de libro: 1-928580-26-2
Número de control, Libreria del Congreso: 2005923866
Impreso en los Estados Unidos de América

Este material es una traducción del capítulo 2 de The JLC Field Guide to Residential Construction, publicado por The Journal of Light Construction.

The Journal of Light Construction
186 Allen Brook Lane
Williston, VT 05495
The Journal of Light Construction es una marca registrada Hanley Wood, LLC.

First printing: May 2005

Original English edition edited by Clayton DeKorne
Illustrations by Tim Healey
Spanish translation by Martha Villarreal and
Alejandra Quevedo
Technical review of Spanish translation by Oscar Gonzalez

International Standard Book Number: 1-928580-26-2
Library of Congress Control Number: 2005923866
Printed in the United States of America

This material is translated from the original Chapter 2 of The JLC Field Guide to Residential Construction, published by The Journal of Light Construction.

The Journal of Light Construction
186 Allen Brook Lane
Williston, VT 05495
The Journal of Light Construction is a trade name of Hanley Wood, LLC.

Disclaimer of Liability
La construcción es un trabajo de naturaleza peligrosa y debe ser ejecutado sólo por profesionales entrenados en construcción. Este libro está dirigido a profesionales expertos en construcción quienes tienen la competencia para evaluar la información prevista y aceptan toda la responsabilidad por la aplicación de esta información. Las técnicas, prácticas y herramientas descritas pueden o no cumplir con los requerimientos de seguridad vigentes en su jurisdicción. Los editores de esta publicación no aprueban la violación de las medidas de seguridad y exhortan a los lectores a seguir todos los códigos y regulaciones vigentes, así como las prácticas de seguridad de sentido común. Por lo tanto, todo individuo que utilice la información contenida en este libro acepta los riesgos inherentes a este uso y el descargo de responsabilidad contenido en el mismo.

La casa editorial y los editores renuncian cualquier pérdida o daño por la presente, y no asumen ninguna responsabilidad por los daños o perjuicios causados, o daños presuntos por el uso o interpretación de la información encontrada en este libro, a pesar de que esta información sea deficiente, contenga errores u omisiones y a pesar de que estas deficiencias, errores u omisiones resulten en negligencia, accidente o cualquier otra causa que pueda ser atribuida a los editores o a la casa editorial.

Disclaimer of Liability
Construction is inherently dangerous work and should be undertaken only by trained building professionals. This book is intended for expert building professionals who are competent to evaluate the information provided and who accept full responsibility for the application of this information. The techniques, practices, and tools described herein may or may not meet current safety requirements in your jurisdiction. The editors and publisher do not approve of the violation of any safety regulations and urge readers to follow all current codes and regulations as well as commonsense safety practices. An individual who uses the information contained in this book thereby accepts the risks inherent in such use and accepts the disclaimer of liability contained herein.

The editors and publisher hereby fully disclaim liability to any and all parties for any loss, and do not assume any liability whatsoever for any loss or alleged damages caused by the use or interpretation of the information found in this book, regardless of whether such information contains deficiencies, errors, or omissions, and regardless of whether such deficiencies, errors, or omissions result from negligence, accident, or any other cause that may be attributed to the editors or publisher.

TABLA DE CONTENIDOS

Introducción a la edición en español

Durante los últimos 20 años, The Journal of Light Construction ha amasado una fortuna de conocimiento prácticos de primera mano utilizados por profesionales dedicados a la construcción de proyectos residenciales. En la versión original en inglés, THE JLC FIELD GUIDE, este conocimiento invaluable fue destilado a una sola referencia — reuniendo en un solo lugar la información crítica, los principios fundamentales y las reglas generales que aplican a las fases estratégicas de la construcción y remodelación residencial. Reconociendo que las cuadrillas de producción en las obras de construcción residencial de hoy en día incluyen un número creciente de trabajadores de habla hispana, hemos decidido traducir THE JLC FIELD GUIDE al español. Este volumen es el primero de una serie de publicaciones que llevarán este saber de la construcción a los trabajadores del oficio de habla hispana.

Sal Alfano
Director Editorial
The Journal of Light Construction

Don Jackson
Editor en jefe
The Journal of Light Construction

CÓDIGOS Y THE JLC FIELD GUIDE

Las recomendaciones recopiladas aquí generalmente exceden las del código de construcción. Si bien el acato de las reglas del código es esencial para construir un hogar seguro — uno que no colapsará o creará condiciones poco seguras para los ocupantes — nosotros tratamos de ir más allá de los estándares mínimos al ofrecer un registro de las mejores prácticas utilizadas por constructores, remodeladores, subcontratistas, ingenieros y arquitectos, no sólo para producir edificaciones seguras sino para crear hogares duraderos y de buena calidad.

Si bien éste no es nuestro foco principal, hemos hecho todo el esfuerzo para preservar los códigos de construcción. Las recomendaciones normativas presentes en este libro generalmente son consistentes con el Código Internacional Residencial del 2000 y el Manual de construcción de estructuras de madera para viviendas de una y dos familias, publicado por la Asociación Forestal y de Papel Americana. Si bien estos estándares reflejan la mayoría de los modelos de códigos en los Estados Unidos (CABO, BOCA, ICBO y SBCCI), las condiciones regionales han obligado que ciertos municipios adopten requerimientos más rigurosos. Antes de tomar la información este volumen como doctrina, consulte a su autoridad local en códigos.

Si bien hemos tratado de hacer este recurso exhaustivo, siempre será imperfecto. Ciertamente, hemos apuntado a limitar los errores. Sin embargo, varias variables, no sólo los códigos, afectan a las prácticas locales de construcción y remodelación. Los cambios climáticos, disponibilidad de los materiales, regulaciones del uso de la tierra y las tradiciones originales de construcción impactan cómo las casas son construidas en cada ciudad, pueblo, condado y región. Tener en cuenta cada variación requeriría una base de datos de entendimiento mucho mayor que el alcance de este libro. En cambio, nosotros hemos decidido enfocarnos en algunos principios de física, diseño y conocimientos del oficio que no cambian de región a región ni de estilo. Esperamos que estos principios, usados de la mano con el código de construcción, guíen a los profesionales hacia un mejor entendimiento de las buenas prácticas.

ACERCA DE NUESTRA TRADUCCIÓN

La JLC FIELD GUIDE fue traducida al español utilizando un proceso de varias partes para la edición, traducción y revisión, desarrollado por los editores de la revista en español de Hanley Wood, El Nuevo Constructor. Nuestro equipo de traducción está consciente de las diferencias culturales entre los hispanos y latinos, y trabaja para producir lo que llamamos traducciones "neutrales" que no reflejan ningún dialecto cultural en particular o terminología. Nuestro proceso comienza al editar, cuidadosamente, los materiales originales en inglés para simplificar los términos técnicos, remover la jerga y las frases coloquiales en inglés y para clarificar todas las descripciones concernientes a la secuencia y el proceso de la construcción que pueda volverse confuso al ser traducido. A continuación, seleccionamos el traductor que sabemos está mejor calificado para trabajar con la terminología involucrada (en este caso materiales y técnicas para la estructura) para producir el primer borrador de la traducción. Todos los borradores de traducción son revisados por un profesional en construcción hispano, quien lee las piezas para asegurar que el lenguaje utilizado es de fácil entendimiento y técnicamente correcto. La edición final del material traducido asegura que los acentos y la partición de las palabras permanezcan correctos en las versiones siguientes.

CONVERSIÓN DE PIES LINEALES A PIES DE TABLA

Método de la fórmula. Para encontrar los pies de tabla, multiplique la longitud total (en pies) por el grosor nominal de la madera por el ancho (en pulgadas) y después divida el total entre 12. Por ejemplo: (10) 8 pies 2x4s = (80 x 2 x 4) ÷ 12 = 53.3 pies de tabla

(L x G x A) ÷ 12

Método de factor de conversión. De manera alternativa, use los factores de conversión de la **Figura 1**.

Figura 1. Conversión de pies lineales a pies de tabla

Tamaño nominal de la madera	Factor de conversión
1x4	.33333
1x6	.50000
1x8	.66667
1x10	.833333
1x12	1.00000
2x3	.50000
2x4	.666667
2x6	1.00000
2x8	1.33333
2x10	1.66667
4x4	1.33333
4x6	2.00000
6x6	3.00000

Como método alternativo para calcular pies de tabla, multiplique los pies lineales de cada tamaño de madera que esté usando por el factor de conversión correspondiente. Ejemplo: (10) 8 pies 2x4s = 80 x .666667 = 53.3 pies de tabla

PISOS Y TECHOS

Cálculo del número de vigas

Cálculo de vigas

Para calcular el número de vigas, use las fórmulas mostradas en la **Figura 2** para encontrar el espaciamiento adecuado entre centros.

Figura 2. Cálculo de las vigas y los cabios

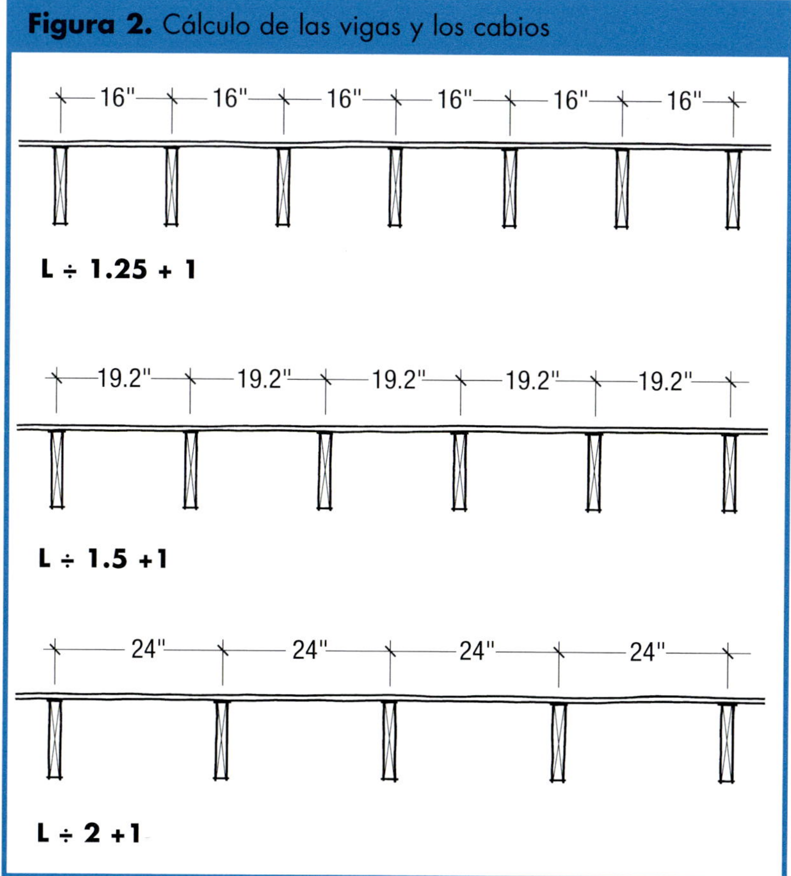

Para calcular el número de vigas necesarias: 1) Mida el ancho de la habitación (pies); 2) divida entre el espaciamiento adecuado entre centros (pies); y 3) añada uno para comenzar.

Cálculo de las vigas de reborde

Recuerde incluir las piezas de los bordes en la cuenta total de vigas. El número de piezas de vigas de reborde se calcula del modo siguiente:

LONGITUD DEL EDIFICIO (PIES) X 2 ÷ LONGITUD DE MADERA

Las longitudes de la madera deben ser múltiplos del espaciamiento entre centros. Por ejemplo, use maderas de 12, 16, 20, etc. para el espaciamiento de vigas entre centros de 16 pulgadas. Dependiendo de la longitud del edificio, podría ser más eficiente contarlas individualmente, mezclando los largos de la madera que acaban uniformemente en las vigas.

Cálculo del contrapiso

El método más preciso para calcular el contrapiso es graficar líneas a escala sobre los planos del piso en incrementos de 4x8 pies. Como alternativa rápida, calcúlelo del modo siguiente:

- Para cada sección de contrapiso, escuadre cualquier inflexión o cantilever del perímetro exterior en los planos para formar un rectángulo de perímetro grande.
- En cada sección, multiplique la longitud por el ancho del rectángulo del perímetro.
- Divida entre 32 (para paneles de 4x8).

ÁREA DE PISO = LARGO X ANCHO

ENTABLADO (PANELES DE 4X8) = ÁREA DE PISO ÷ 32

Recuerde añadir un par de hojas a la cuenta total de paneles para tener sobrante para los errores de corte y el desperdicio, especialmente si hay inflexiones en el plano de la planta.

PAREDES

Cálculo de existencias de placas

Pida una cantidad de placas de pared que sea por lo menos cuatro veces el largo total de las paredes. En las paredes que van en la misma dirección que las armaduras o las vigas, es necesario añadir una placa adicional para usar como respaldo para los tableros de yeso del techo. Se necesitará más para cubrir el desperdicio, el respaldo misceláneo y el bloqueo continuo contra incendios para las paredes de más de 8 pies de alto.

Cálculo de los montantes

Para una casa pequeña (de menos de 2,000 pies^2) con un entramado de 16 pulg entre centros, pida 1 montante por cada pie lineal de entramado de pared, tanto interior como exterior. Para el entablado de una casa más grande de 16 pulg entre centros, pida 1.25 montantes por cada pies lineal de entablado de pared.

Cálculo de travesaños

En una casa con ventanas de menos de 36 pulg de ancho, use las siguientes simplificaciones:

Para los travesaños de aserrado macizo:

1) Cuente el número de ventanas y puertas; cuente las puertas francesas o corredizas como 2 puertas;
2) Divida entre 3 y pida ese número de piezas de 10 pies.

Para los travesaños dobles-2x:

1) Cuente el número de ventanas y puertas; cuente las puertas francesas o corredizas como 2 puertas;
2) Multiplíquelo por 2;
3) Divida entre 3 y pida ese número de piezas de 10 pies.

Para ventanas extra largas o extra angostas, calcule los travesaños individualmente.

Figura 3. Índices de longitud de línea de cabios

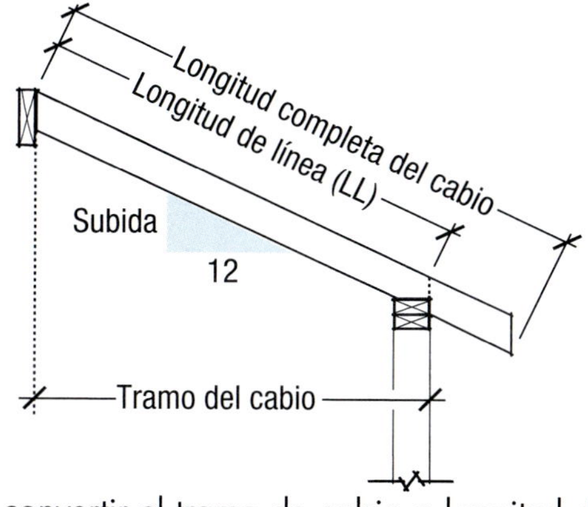

Para convertir el tramo de cabio a longitud de línea:

1) Seleccione el índice de LL para la inclinación dada en la tabla anterior;
2) Multiplique el tramo de cabio por el índice de LL.

Para encontrar la longitud completa del cabio (añada cualquier voladizo de los aleros):

1) Multiplique la longitud horizontal del voladizo por el mismo índice de LL;
2) Añada esta longitud de voladizo al LL del cabio.

Índices de largo de línea (LL) de cabios

Inclinación/12 Techo	Inclinación COM LL	Inclinación H/V LL
1	1.0035	1.4167
1 1/2	1.0078	1.4197
2	1.0138	1.4240
2 1/2	1.0215	1.4295
3	1.0308	1.4361
3 1/2	1.0417	1.4440
4	1.0541	1.4530
4 1/2	1.0680	1.4631
5	1.0833	1.4743
5 1/2	1.1000	1.4866
6	1.1180	1.5000
6 1/2	1.1373	1.5144
7	1.1577	1.5298
7 1/2	1.1792	1.5462

Inclinación Techo	Inclinación COM LL	Inclinación H/V LL
8	1.2019	1.5635
8 1/2	1.2254	1.5817
9	1.2500	1.6008
9 1/2	1.2754	1.6207
10	1.3017	1.6415
10 1/2	1.3288	1.6630
11	1.3566	1.6853
11 1/2	1.3851	1.7083
12	1.4142	1.7321
14	1.5366	1.8333
16	1.6667	1.9437
18	1.8028	2.0616
24	2.2361	2.4495

Cuando se calculan los largos de cabios y los tramos, convierta el tramo del cabio (la distancia horizontal) a una distancia inclinada (largo de línea) usando estos índices.
Ejemplos: En un techo de 6/12 con un tramo de 15 pies, encuentre el largo neto del cabio para los cabios comunes: 15 pies x 1.118 = 16.77 pies or 16 pies 91/4 pulg. Redondee la longitud de madera necesaria hasta el siguiente incremento de 2 pies (de 18 pies).*
Si el techo tiene un voladizo de 16 pulg, medido a lo largo del cabio, el trabajo requerirá cabios de 20 pies: 16 pulg. x 1.118 = 1.491 pies + 16.77 pies = 18.261 pies o 18 pies 31/4 pulg. Redondeados a maderos de 20 pies.

* Para obtener cálculos más precisos de los cabios, use un tramo real, que esté acortado por el grosor de la cumbrera. Para obtener más información, vea *Los secretos de un cortador de techos sobre el entramado de una casa diseñada (A Roof Cutter's secrets to Framing the Custom Home)*(libros JLC)

Cálculo del contrapiso

Cálculo de placas, montantes, y travesaños

Cálculo de entablado de pared

Para las áreas rectangulares de pared:

Área de pared = longitud total de pared x altura de pared

Entablado (paneles de 4x8) = área de pared ÷ 32

1) Multiplique la longitud total de las paredes exteriores por la altura de pared para obtener el área total de pared;
2) Reste las áreas de los huecos grandes como las ventanas grandes o corredizas;
3) Divida entre 32 (para paneles de 4x8).

Recuerde tomar en cuenta los muros de gabalete de los extremos.

Para gabaletes regulares (con la misma inclinación en ambos lados de la cumbrera):

Multiplique el tramo por la elevación. Esto le da el total para dos gabaletes de los extremos.

Para gabaletes irregulares o extremos con un sólo gabalete:

1) Multiplique el largo total por la altura total en cada gabalete.
2) Divídalo entre 32.

TECHOS

Cálculo del largo del cabio

Para encontrar el largo total del cabio, multiplique la razón correcta de largo de línea en la **Figura 3** por el tramo horizontal del cabio. Esto da el largo neto del cabio, o *largo de línea*, de la placa superior a la cumbrera. Después añada para el corte a plomo en la cumbrera y el voladizo para encontrar el largo completo del cabio.

Cálculo del número de cabios comunes

Para calcular el número de cabios comunes, use las fórmulas que se proporcionan en la **Figura 2 (página 1)** para el espaciamiento adecuado entre centros.

Recuerde incluir las existencias de la cumbrera.

Cálculo de las longitudes de los cabios de lima hoya y de lima tesa

Para calcular la longitud de cada cabio de lima tesa, use la razón tesa/hoya LL que se muestra en la **Figura 3**.

Cálculo de los cabios cortos

Para un cabio de lima tesa o de lima hoya, cada par de cabios cortos será igual al largo de uno común (un cabio corto-largo + un cabio corto-corto = un cabio común).

Cálculo del entablado del techo

Área del techo = largos de la pared del perímetro (incluyendo los voladizos) x largo de línea del cabio

Entablado (paneles de 4x8) = área del techo ÷ 32

1) Añada la distancia del voladizo a las longitudes de la pared exterior;
2) Multiplique la longitud total del perímetro (largo de la pared + voladizo) por la longitud de la línea del cabio (**Figura 3**) para obtener el área total del techo (en techos de dos aguas, no incluya la pared de gabalete del extremo en el largo total);
3) Divida entre 32 (para paneles de 4x8).

Calcule los techos de diferentes pendientes individualmente.

Recuerde añadir un par de hojas al total para tomar en cuenta los errores y desperdicios.

SELECCIÓN DE MADERA DIMENSIONAL

La madera dimensional se divide en varios grupos de especies. Las especies principales en Estados Unidos son el abeto SPF (Spruce-Pine-Fir) (canadiense), el pino Oregón (Douglas fir), el abeto Hem y el pino amarillo (Southern Pine) (generalmente tratado a presión). Cada grupo de especies está disponible en una variedad de grados, pero a menos que se especifique otra cosa, la mayoría de la madera de entramado es la #2. Los grados menores podían ser permitidos para montantes (grado de montante) y para placas superiores (Grado de servicio).

Los valores de resistencia para estas y otras especies norteamericanas y grupos de especies se muestran en la **Figura 4.** Para su comodidad, las tablas de los tramos de este libro (**páginas 89-112**) se listan por grupo de especie. Si no se incluye una especie o grupo en las tablas, use los tramos para las especies o el grupo con el mismo valor Fb o mayor.

Cálculo de cabios

Valores de diseño de madera

Figura 4. Resistencia de la madera

Valores de diseño[1] para madera (nominal) de 2x8

Grupo de especies	Grado	Esfuerzo extremo de la fibra en flexibilidad (Fb)[2]	Módulos de Elasticidad (E)[3]
D-Fir-L	Resistencia selecta	1,620	1.9
	No. 1/ No. 2	1,020	1.6
	No.3	570	1.4
SPF	Resistencia selecta	1,500	1.5
	No. 1/ No. 2	1,050	1.4
	No. 3	600	1.2
Hem-Fir	Resistencia selecta	1,560	1.7
	No. 1/ No. 2	1,200	1.6
	No.3	690	1.4
SYP	Resistencia selecta	2,300	1.8
	No. 1	1,500	1.7
	No. 2	1,200	1.6
	No. 3	600	1.4

(1) Estos valores incluyen un factor de tamaño de miembros de 8 pulg de ancho nominal usados en condiciones normales (madera con un contenido de humedad <= 19% colocado de borde). La madera húmeda o los miembros planos requieren valores más altos.

(2) psi

(3) millón de psi

Esta tabla muestra valores de diseños comparativos para las cuatro especies principales de madera que se usan en este manual. Estos valores suponen que la madera se cargará en el borde. El esfuerzo extremo de fibra en la flexión (Fb) es una medida de la resistencia de la madera para soportar las cargas aplicadas perpendicularmente a la fibra. Esta carga produce ***tensión*** *en las fibras de la madera a lo largo del borde más alejado de la carga aplicada, y* ***compresión*** *de las fibras a lo largo del borde más cercano a la carga. El Módulo de Elasticidad (E) es el índice de la cantidad que la madera se* ***deflexionará*** *en proporción a la carga aplicada.* ***E es la medida de rigidez, en donde Fb es la medida de resistencia.***

Encogimiento

La madera secada al horno tiene el sello K-D (secado al horno) o S-Dry (seco superficialmente) y se embarca con un contenido de humedad de alrededor del 19%. Cualquier cosa más grande que 6x6 generalmente no está disponible con K-D.

En un edificio terminado, el entramado a la larga se seca hasta un promedio del 6% al 11% de contenido de humedad, dependiendo del clima. Este secado causa que la madera se encoja **a través** de las fibras; el encogimiento **a lo largo** de las fibras es insignificante. La **Figura 5** muestra el grado de encogimiento en la madera de entramado aserrada en plano. El encogimiento en las vigas grandes de carga puede causar que una parte de la casa se asiente más que otras, lo que provocará grietas en los tableros de yeso y otros problemas (**Figura 6**).

Figura 5. Encogimiento pronosticado de la madera dimensional

Tamaño Madera	Ancho Real	Ancho @ 19% MC (al entregar)	Ancho @ 11% MC (Climas húmedos)	Ancho @ 8% MC (Climas promedio)	Ancho @ 6% MC (Climas áridos)
2x4	3 1/2"	3 1/2"	3 7/16"	3 3/8"	3 3/8"
2x6	5 1/2"	5 1/2"	5 3/8"	5 5/16"	5 5/16"
2x8	7 1/2"	7 1/4"	7 1/8"	7 1/16"	7"
2x10	9 1/4"	9 1/4"	9 1/16"	9"	8 15/16"
2x12	11 1/4"	11 1/4"	11"	10 15/16"	10 7/8"

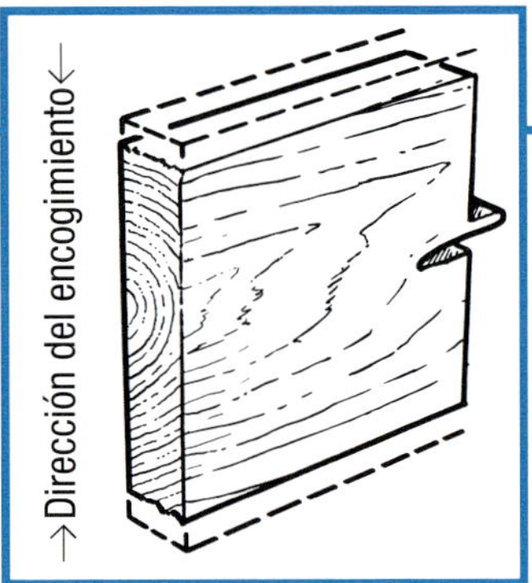

La madera de entramado se encoge principalmente a lo ancho; el encogimiento de extremo a extremo es insignificante. El encogimiento real varía dependiendo del contenido de humedad de la madera cuando la entregan y del clima de la zona.

Figura 6. Evite el encogimiento acumulativo

Alternativa: Viga maestra al ras del entramado

Alternativa: Viga maestra LVL

Poste interior

encogimiento de 5/16"

viga maestra de 2x12

Alternativa: Viga I de acero

encogimiento de 5/16"

Las dos vigas maestras de 2x12 de este edificio se encogerán lo suficiente para causar una baja de 1/2 pulg en el nivel de la segunda planta — lo suficiente para causar que los clavos se salgan y los acabados de agrieten. Use acero, madera procesada o entramado al ras para eliminar el problema.

Sin embargo, usar vigas a ras con colgadores, o madera procesada o acero, puede reducir el potencial de problemas de encogimiento. Si la madera dimensional se cuelga a ras de una viga hecha de acero o madera procesada, el resultado puede ser un bulto donde está la viga (vea la **Figura** 7).

Figura 7. Vigas de piso al ras del entramado

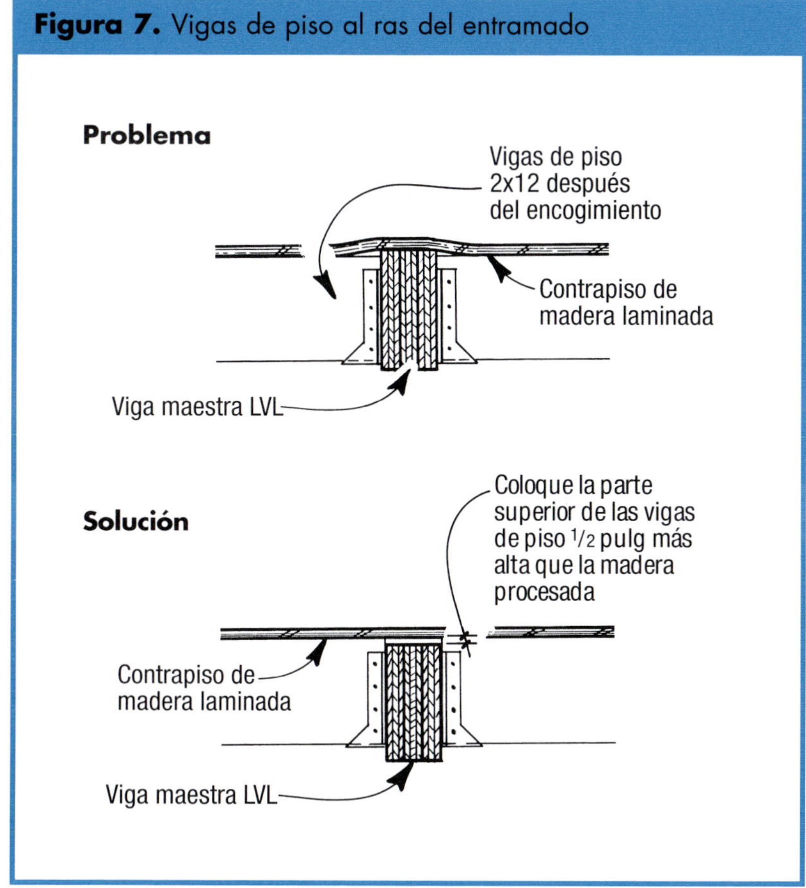

Cuando instale vigas de piso de madera dimensional al ras de la parte superior de las vigas procesadas o de acero, instale las vigas 1/2 pulg más alta que la viga maestra para permitir el encogimiento.

SELECCIÓN DE PANELES DE ENTABLADO Y CONTRAPISOS

Encogimiento de madera

El entablado y los contrapisos deben consistir de paneles estructurales con clasificación de rendimiento. Éstos están hechos de madera laminada u panel de fibra orientada (OSB), y deben tener un sello (**Figura** 8) de la Asociación de madera procesada (APA- The Engineered word Association) [antes llamada American Plywood Association).

Índice de madera laminada

Índices de uso de paneles

Para entramados, elija sólo entre los siguientes grados de paneles:

- **Los paneles de revestimiento exterior** están diseñados para usarse en azoteas y paredes;
- Los paneles **Structural 1** están diseñados para usarse en muros cortantes;

Figura 8. Lectura de los sellos del grado del entablado

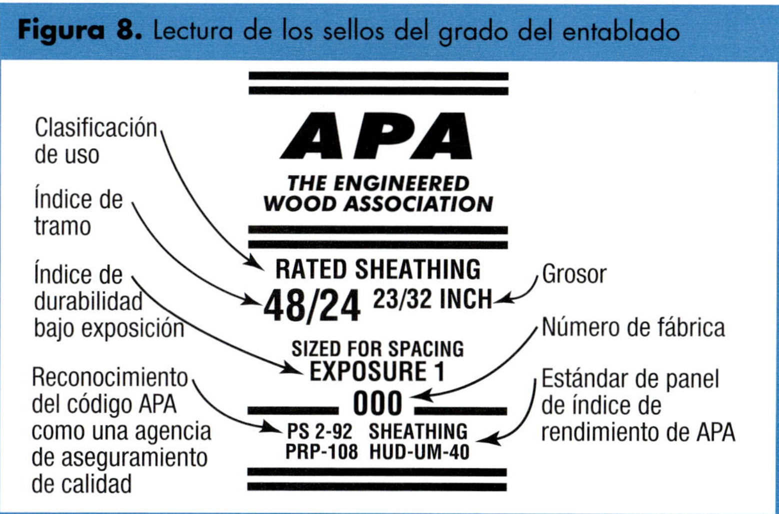

La información clave que se encuentra en un sello de grado en los paneles de madera laminada clasificados para entablado o de paneles OSB (tablero de fibra orientada) incluye la clasificación de uso del panel, el índice de tramo, la durabilidad bajo exposición y el grosor.

- **Los paneles machihembrados Sturdi-Floor®** están diseñados para usarse en contrapisos.

Índices de exposición de los paneles

Para entramados, sólo seleccione paneles con los índices de exposición siguientes:

- Los paneles **exteriores** pueden usarse en exteriores;
- Los paneles **Exposure 1** pueden resistir la humedad durante los retrasos normales de construcción — hasta una temporada completa, de acuerdo con APA. Sin embargo, los paneles deben cubrirse tan pronto como sea posible.

Otros índices de exposición para los paneles de madera incluyen:

- Los paneles **Exposure 2** generalmente se usan para construcciones protegidas o aplicaciones industriales en donde podría existir el potencial de alta humedad y fugas de agua durante períodos limitados;
- Los **paneles interiores** están hechos con gomas de pegar de clasificación interior hidrosoluble y sólo tienen la finalidad de usarse en aplicaciones al interior, no para entramados.

Clasificación de tramos de paneles

La clasificación de tramo en los sellos de grado de entablado debe tener dos números como 24/16. El primero indica el tramo permisible de techo (en este caso, 24 pulg entre centros) y el segundo indica el tramo de contrapiso (16 pulg entre centros). La clasificación de tramos para los paneles multiusos son: 24/0, 24/16, 32/16, 40/20 y 48/24.

Si el sello de un panel de entablado incluye sólo un número de tramo, el panel es para usarlo en solamente en paredes.

Los paneles Sturdi-Floor® están procesados para usarse como contrapiso. Tienen índices de tramo de 16, 20, 24, 32 y 48 pulg.

Grosores de los paneles

La madera laminada y la de fibra orientada (OSB) siempre son 1/32 pulg más pequeñas que sus tamaños nominales. Por ejemplo, la madera laminada de 1/2 pulg mide en realidad sólo 15/32 pulg.

Tramo de los paneles de techo

Los paneles de techo deben ser de un mínimo de 1/2 pulg de grosor para los entramados de 16 pulg entre centros y de 5/8 pulg de grosor para los entramados de 24 pulg entre centros.

Para los entramados de techos de tramos de 24 pulg entre centros, use abrazaderas en H para sujetar los bordes del entablado en la mitad del tramo. Las abrazaderas crean la separación adecuada y ayudan a hacer más rígidos los bordes del panel.

Hoja de fibra orientada (OSB)

Aunque la resistencia y la habilidad de sujetar los clavos de la madera OSB y la madera laminada es igual para los paneles de clasificación similares, la madera OSB se hincha más cuando se moja. Debido a esto, algunos constructores evitan la madera OSB en los contrapisos, especialmente en las cocinas y los baños, en donde la exposición a condiciones húmedas es probable. Algunos contratistas de pisos no instalan pisos de madera dura sobre los contrapisos de madera OSB, aunque las pruebas han indicado que funciona igual que la madera laminada para esta aplicación. Sin embargo, la madera OSB no se considera adecuada como contrapiso para usarla debajo de mosaicos de cerámica o pisos elásticos.

Los tableros de OSB que no se usen deben almacenarse bajo techo en la construcción. Si se deja descubierto un contrapiso instalado de tablero OSB por un período prolongado después de la instalación, considere tratarlo con un repelente al agua.

SELECCIÓN DE MADERA PROCESADA

Los montantes y las vigas procesadas no son sustitutos directos de madera sólida. Cada producto procesado tiene requisitos especiales de instalación. Asegúrese de consultar los materiales técnicos impresos del producto antes de usar algún producto procesado nuevo.

La mayoría de la madera procesada está hecha con goma de pegar para exteriores. La goma aguantará las demoras normales de construcción, pero no es impermeable. Por lo tanto, toda la madera procesada debe protegerse contra el clima en la construcción y almacenarse horizontalmente.

Vigas I de madera

Al usar vigas I de madera se coloca el material más fuerte (generalmente LVL) en donde los esfuerzos de flexión son mayores — en las *alas* a lo largo de la parte superior e inferior de la viga. Esto permite que las vigas ligeras puedan separarse en tramos más grandes con un mínimo de deflexión, lo que proporciona un piso muy rígido.

El *alma* de las vigas I consiste de madera laminada u OSB, lo que las hace más susceptibles a daños por agua que la madera aserrada. Por lo tanto, las vigas I deben almacenarse bajo techo — particularmente aquellas con alma de OSB. Debe tenerse cuidado cuando se taladre o corten muescas en las almas para permitir que la mezcla mecánica pase (vea "Perforación y muescas de vigas I", en la **página 27**).

Montantes de madera procesada

Para paredes altas y de cocina que deben permanecer rectas por los mostradores y los gabinetes, los montantes de madera procesada son una alternativa económica a la madera dimensional. Siga las directrices del fabricante para la instalación de productos específicos. Las precauciones generales de uso se muestran en la **Figura 9.**

Los **montantes empalmados** no son más fuertes que la madera dimensional de la misma especie, pero debido a que se han cortado los defectos, son más estables dimensionalmente. Además, la fibra se interrumpe en las uniones adheridas, haciendo que sea menos posible que se tuerzan y doblen los montantes empalmados.

La goma que adhiere las uniones es resistente al agua, pero estos montantes deben protegerse contra la exposición prolongada al clima.

OSB contra madera laminada

Madera de fibra laminada (tipo LSL). La madera tipo LSL está hecha de fibras de madera unidas con un adhesivo de poliuretano, y se usa principalmente para tablas de borde,

Selección de madera procesada

Figura 9. Montantes de madera procesada para paredes altas

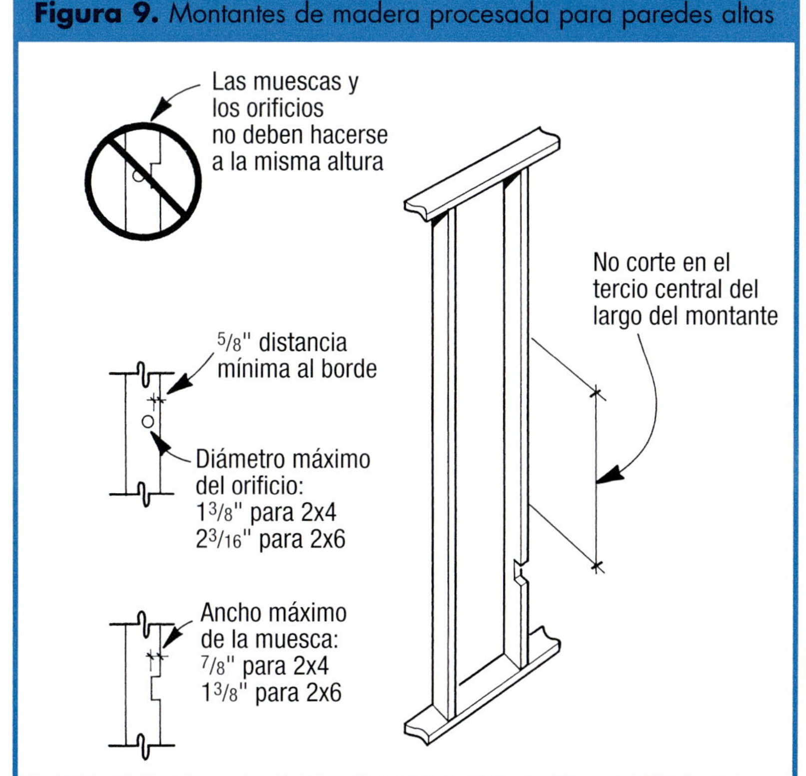

Podrían aplicarse ciertas restricciones para taladrar orificios y hacer muescas en los montantes altos procesados. Siempre que se use madera procesada, consulte las especificaciones del fabricante para conocer los valores de diseño, las tablas de carga y los requisitos de clavado.

montantes y travesaños. Los montantes de LSL son rectos y bien calibrados, pero son más pesados que la madera sólida. Tienen bordes afilados así que use guantes cuando los maneje. Los montantes de madera LSL aceptan los clavos neumáticos casi de la misma manera que la madera dimensional, pero tienen menos problemas con rajaduras si los clavos se mantienen alejados por lo menos a 1/2 pulg del borde.

Vigas de madera procesada

Las vigas de madera procesada pueden consistir de madera de chapa laminada (LVL), maderos laminados y engomados (glulams) o de madera de fibra paralela (Parallam®). Sepa que las cargas pesadas que soporta una viga de madera procesada se concentrarán en los puntos de apoyo. Para evitar que las fibras de la viga se aplasten bajo el peso, asegúrese de dejar suficiente superficie de apoyo. La instalación de vigas de madera procesada de tamaño grande podría requerir el uso de una grúa o montacargas.

Madera de chapa laminada (LVL). La madera LVL es un producto procesado fuerte y versátil que se parece a la madera laminada. Las vigas de madera LVL generalmente se construyen de varias piezas de madera LVL clavadas o unidas con pernos. Los pernos son preferibles cuando la viga estará cargada por un lado (por ejemplo, en un sistema de piso con entramado a ras) o en donde estará expuesta a las inclemencias del tiempo. Las cargas laterales con estribos pueden causar que las piezas externas de madera LVL se "descascaren" si no están unidas con pernos.

Antes de pedir la madera LVL, es importante saber el grado, la especie y el fabricante especificado por el diseñador. Por ejemplo, la madera LVL de pino Oregón (Douglas-fir) es algo más débil que la madera LVL de pino amarillo. Aunque la mayoría de la madera LVL tiene un recubrimiento resistente al agua, como quiera sigue siendo vulnerable a abombamiento cuando se expone a la humedad. Así que almacénela en lugares secos.

Maderos laminados y engomados (glulams). Un madero glulam consiste de madera dimensional con chapa laminada con adhesivos estructurales. Hay disponibles tres grados de apariencia — industrial, arquitectónico y de primera. Los valores de diseño son iguales para los tres grados, pero los mejores grados tienen menos defectos de superficie. Esto es importante en construcciones residenciales en donde la mayoría de la madera glulam se deja expuesta a las inclemencias del tiempo.

Los maderos glulam viene en anchos que van de 2 1/2 a 10 3/4 pulg. Las profundidades son múltiples del grosor de la laminación. Por ejemplo, un madero glulam con ocho laminaciones de 1 1/2 pulg será de 12 pulg de profundidad.

La mayoría de las maderas glulams se entregan en un envoltorio que protege la superficie de cualquier viga expuesta durante el embarque y la instalación. De ser posible, no quite este envoltorio hasta que se termine todo el acabado interior. Proteja el envoltorio para que no le entre agua y se quede atrapada.

Nunca corte ni taladre la madera glulam sin consultar al fabricante o a un ingeniero estructural. Las conexiones deben hacerse de manera que las vigas puedan incharse y encogerse con los cambios de humedad.

Madera de fibra paralela (Parallam). Vendido bajo la marca Parallam®, este producto consiste de fibras de chapa que están alineadas, recubiertas con goma y curadas con una combinación de presión y microondas. La viga producida es más fuerte y rígida que la madera de aserrado sólido y es equivalente en resistencia a múltiples maderas LVL. Sin embargo se ahorra el gasto de colocar los pernos y no existe la preocupación sobre las cargas laterales o el abombamiento causado por la humedad. El material es algo más difícil de cortar y clavar que la madera sólida.

PODER DE AGARRE DE LOS CLAVOS

El poder de agarre de un clavo es una función de su diámetro, cuánto penetra la madera y el tipo de madera que penetra. En entramados, los clavos nunca deben cargarse en modalidad de extracción (en donde la carga actúa paralela al cuerpo del clavo e intenta extraerlo). En lugar de eso, los clavos de entramado deben cargarse sólo lateralmente (en donde la carga actúa perpendicularmente al cuerpo). Además, los clavos tienen más poder de agarre cuando se insertan perpendiculares a la fibra en lugar de penetrar paralelos a la fibra en los extremos. De hecho, clavar penetrando en forma paralela a la fibra del extremo reducirá la capacidad de carga lateral del clavo en un tercio aproximadamente.

Clavos para madera contra clavos comunes

La resistencia lateral es en gran parte una función del diámetro de los clavos y la densidad del tipo de madera en la cual se inserta el clavo. Por ejemplo, los clavos tipo 10d y 12d tienen el mismo diámetro y la misma resistencia lateral en cada tipo de madera. Los clavos comunes son más fuertes que los clavos para madera porque tienen un diámetro mayor (**Figura 10**).

Selección de madera procesada

Selección de clavos

Figura 10. Resistencia lateral de los clavos comunes comparada con la de los clavos para cajas

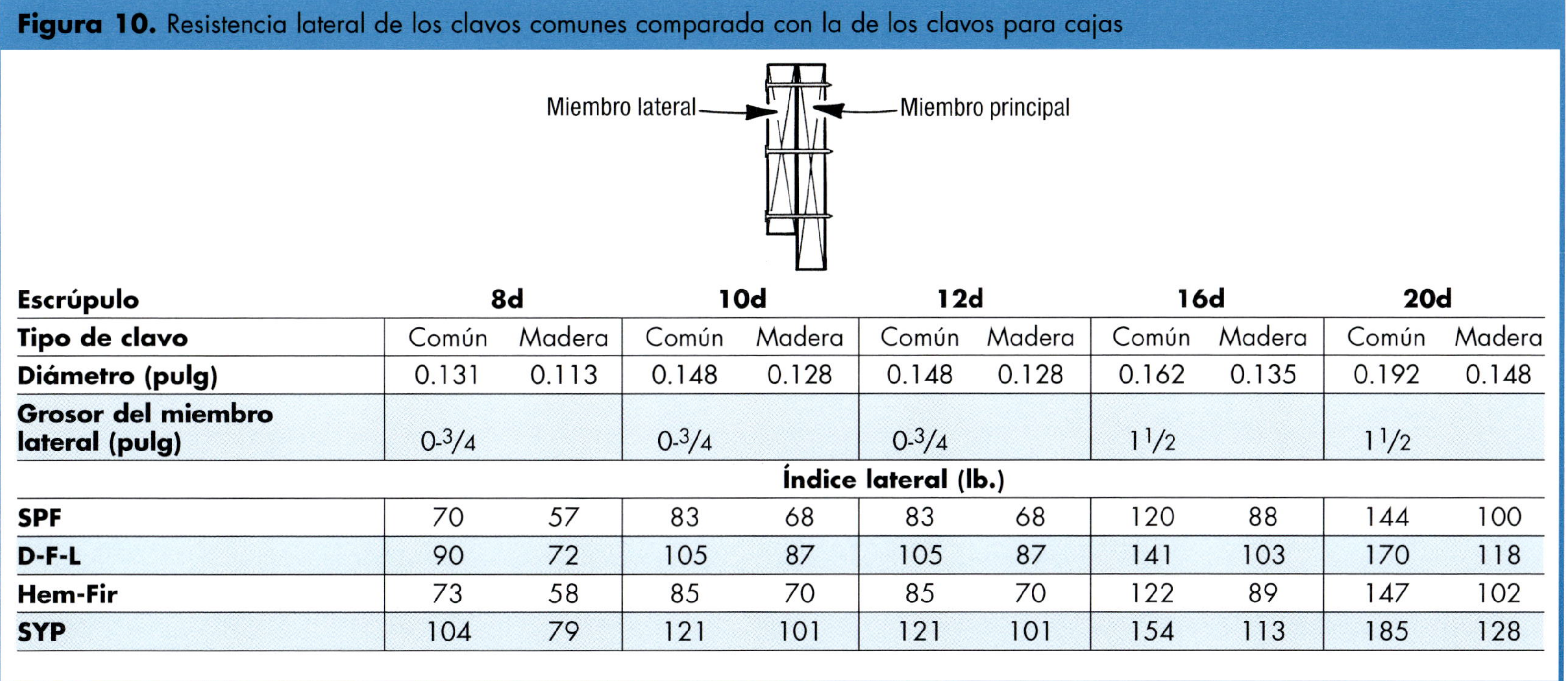

Escrúpulo	**8d**		**10d**		**12d**		**16d**		**20d**	
Tipo de clavo	Común	Madera	Común	Madera	Común	Madera	Común	Madera	Común	Madera
Diámetro (pulg)	0.131	0.113	0.148	0.128	0.148	0.128	0.162	0.135	0.192	0.148
Grosor del miembro lateral (pulg)	0-3/4		0-3/4		0-3/4		1 1/2		1 1/2	
	Índice lateral (lb.)									
SPF	70	57	83	68	83	68	120	88	144	100
D-F-L	90	72	105	87	105	87	141	103	170	118
Hem-Fir	73	58	85	70	85	70	122	89	147	102
SYP	104	79	121	101	121	101	154	113	185	128

Los clavos están clasificados por "capacidad lateral", la cual se ve grandemente afectada por el diámetro del clavo. Ya que los clavos para madera son más delgados que los comunes, tienen valores menores de resistencia. Los valores mostrados varían con el tipo de madera de entramado usado, y suponen que el clavo penetrará el miembro principal (ilustración superior) por lo menos 12 diámetros.

Cuando sustituya clavos para madera por clavos comunes, calcule el tamaño de clavo que es necesario usando los índices de conversión mostrados en la **Figura 11**.

Figura 11. Índice de conversión para clavos comunes a clavos para madera

Para convertir el número necesario de clavos comunes de un tamaño dado a clavos para madera, multiplique por el índice adecuado y redondéelo.

Escrúpulo	8d	10d	12d	16d	20d
Índice	1.23	1.22	1.22	1.36	1.44

S-P-F madera supuesta.

No sustituya un clavo común que se especifique en los planos por un número igual de clavos para madera. En lugar de eso, multiplique el número especificado de clavos comunes por el índice de conversión que se muestra en la tabla y redondéelo hacia el más alto para encontrar el número equivalente de clavos para madera.

Resistencia a la extracción de los clavos

Los clavos son mucho más fuertes cuando se cargan lateralmente (a través del clavo) que cuando están cargados en extracción (a lo largo del clavo). La extracción a contrahilo de la fibra es especialmente débil y no es aceptable como conexión estructural en la mayoría de los códigos. Los valores de extracción por el lado perpendicular a la fibra se indican en la **Figura 12**.

Clavos oblicuos

Para los clavos oblicuos cargados en modalidad de extracción, multiplique los valores de la **Figura 12** por .67. Para los clavos oblicuos cargados lateralmente, multiplique los valores de la **Figura 10** por .83. Los clavos oblicuos deben insertarse en un ángulo de 30 grados de la cara del montante u otra pieza que se vaya a sujetar (**Figura 13**).

CLAVOS NEUMÁTICOS

Los clavos neumáticos generalmente se venden por diámetro de cuerpo específico en pulg (.120, .131 y .148 son comunes para los clavos de entramado). Éstos generalmente son más delgados que los

Figura 12. Valores diseño de la fuerza de extracción de los clavos comunes contra los clavos para madera

Escrúpulo	**8d**		**10d**		**12d**		**16d**		**20d**	
Tipo de clavo	Común	Madera	Común	Madera	Común	Madera	Común	Madera	Común	Madera
Diámetro (pulg)	0.131	0.113	0.148	0.128	0.148	0.128	0.162	0.135	0.192	0.148
	Valor de extracción*									
SPF	21	18	23	20	23	20	26	21	30	23
D-F-L	32	28	36	31	36	31	40	33	47	36
Hem-Fir	22	19	25	21	25	21	27	23	32	25
SYP	41	35	46	40	46	40	50	42	59	46

* psi por pulgada de penetración en la fibra lateral del miembro principal

Esta tabla muestra los valores de carga permitidos para los clavos comunes y para madera típicos. Estos valores representan las libras por pulgada cuadrada de carga aplicada por penetración en la fibra lateral del miembro principal.

clavos comunes de igual longitud y por lo tanto, tienen menor resistencia lateral (**Figura 14**) y valores de extracción menores (**Figura 15**). Consulte a los fabricantes para encontrar la resistencia lateral de tipos de clavos específicos.

Selección de clavos galvanizados

CLAVOS GALVANIZADOS

Los clavos galvanizados están hechos de acero recubierto de cinc. El cinc protege el acero contra la oxidación. Lo bien que resiste la oxidación el clavo depende de la cantidad de cinc y cómo se aplica.

Los clavos bañados en caliente (recubiertos por inmersión en cinc fundido) son los más duraderos.

Los clavos galvanizados al fuego (HG) están recubiertos con piedritas de cinc en un tambor caliente, un proceso que puede dejar un recubrimiento disparejo. Un cierto porcentaje de estos clavos se oxidará cuando se usen en exteriores.

Figura 13. Clavos oblicuos adecuados

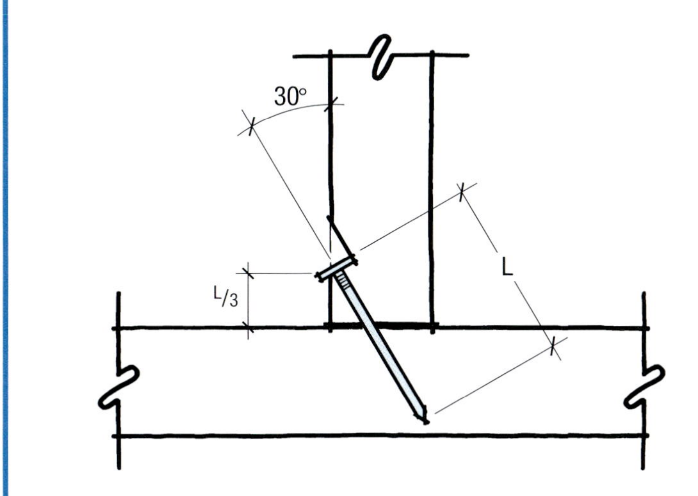

Coloque los clavos oblicuos alejados del extremo de la tabla a una distancia que sea igual a un tercio del largo del clavo. Incline el calvo de manera que salga al centro del grosor de la tabla.

Valores de diseño de clavos

Figura 14. Resistencia lateral de los clavos neumáticos

Diámetro de clavo	Especies de madera			
	SPF	DFL	Hem-Fir	SYP
0.12"	19	29	20	37
0.131"	21	32	22	41
0.148"	23	36	25	46
0.162"	26	40	27	50

Los valores están basados en una duración de carga "normal" de 10 años, y supone: 1) que los clavos de espiga tersa están clavados perpendicularmente a la fibra de la madera; y 2) tanto el miembro de lado como el principal son de la misma especie de madera. Cuando use clavos oblicuos, multiplique los valores por .83, según se describe en "Clavos oblicuos" en la página opuesta.

Figura 15. Valores de fuerza de extracción para los clavos neumáticos

Largo de clavo	Diám. de clavo	Especies de madera			
		SPF	DFL	Hem-Fir	SYP
2 1/2"	**0.131"**	52	62	54	67
3"	**0.12"**	69	81	71	89
3"	**0.131"**	79	93	80	101
3"	**0.148"**	84	99	86	109
3 1/4"	**0.12"**	69	81	71	89
3 1/4"	**0.131"**	79	93	80	101
3 1/2"	**0.162"**	92	109	94	119

Los valores de extracción (psi por pulgada de penetración en el miembro principal) están basados en una duración de carga "normal" y supone: 1) que los clavos de espiga tersa están clavados perpendicularmente a la fibra de la madera; y 2) tanto el miembro de lado como el principal son de la misma especie de madera. Cuando use clavos oblicuos, multiplique los valores por .83, según se describe en "Clavos oblicuos" en la página opuesta.

ENTRAMADO: Clavos

Los clavos galvanizados con electricidad son tersos y brillantes, pero el recubrimiento delgado de cinc se oxidará con rapidez cuando estén expuestos a las inclemencias del tiempo. Esto los hace una mala elección para los trabajos en exteriores.

Los clavos de galvanizado mecánico o galvanizado a "martillazos", tienen una capa de cinc que no es tan gruesa como la que se usa en los clavos de baño caliente, así que son menos resistentes a la oxidación. Sin embargo, el galvanizado mecánico es adecuado para los tornillos ya que la capa delgada no obstruye las roscas.

CLAVOS DE ALUMINIO Y ACERO INOXIDABLE

Los clavos de aluminio se usan en ocasiones para sujetar las tablas de forro exterior. Son muy resistentes a la oxidación y corrosión, pero pueden corroerse cuando se usan con algunos metales de tapajuntas.

Acero inoxidable. Aunque son caros, los clavos de acero inoxidable son los más resistentes a la oxidación bajo casi cualquier condición. Se recomiendan altamente bajo el nivel de la tierra o en casas que estarán expuestas a aire salado. También se recomienda para los contramarcos de cedro o secoya, y para las tablas de forro que se dejarán a la intemperie sin esmalte ni pintura. Los clavos de acero inoxidable están generalmente disponibles como Tipo 304 y 316. El tipo 316 es más durable.

REGLAS GENERALES DE CLAVADO

Los programas típicos de clavado aparecen en la **Figura 16**.

Dos son mejores que uno. En general, nunca confíe en un clavo solo. Use por lo menos dos.

Espaciamiento de los clavos. No coloque los clavos más cerca del borde de la tabla que la cuarta parte de su longitud.

Penetración del clavo. Para sostenerse a toda fuerza, los clavos deben penetran una profundidad de por lo menos 11 veces su diámetro — 1 1/2 pulg los clavos 8d y 1 3/4 pulg los clavos 16d.

Figura 16. Programas de clavados

Entramado del techo	Número de clavos comunes	Número de clavos neumáticos
Cabio a la placa superior (clavos oblicuos)[1]	3-8b por cabio	3-3 x .131 por cabio
Viga de techo a la placa superior (clavos oblicuos)[1]	3-16d por viga	5-3 x .131 por cabio
Viga de techo al cabio paralelo (clavado de frente)[1][2]	3-16d por viga	4-3 x .131 por cabio
Viga de techo sobre las divisiones (clavado de frente)	3-16d por empalme	4-3 x .131 por cabio
Viga de collar al cabio (clavado de frente)[1]	3-16d por viga[1][2]	4-3 x .131 por cabio
Bloqueo al cabio (clavado oblicuo)	2-8d en cada extremo	2-3 x .131 en cada extremo
Cabio de techo a viga de cumbrera[1]	3-10b por cabio	3-3 x .131 por cabio
Cabios cortos a lima tesa (clavado oblicuo)	3-10b por cabio	3-3 x .131 por cabio
Entablado de techo[1]		
Paneles estructurales	1-8d cada 6 pulg, 12 pulg de campo	1-2 1/2 x .131 a cada 6 pulg, 12 pulg de campo

Programas de clavados

Figura 16. Programas de clavados, continuado

Entramado de pared	**Número de clavos comunes**	**Número de clavos neumáticos**
Placa superior o inferior al montante (clavado del extremo)[1]	2-16d por montante	3-3 x .131 por montante
	3-16d por montante de 2x6	4-3 x .131 por montante
Placa superior o inferior al montante (clavado oblicuo)[1]	3-16d por montante	4-3 x .131 por montante
	4-16d por montante de 2x6	
	5-16d por montante	3-3 x .131 por montante
Placa superior a la placa superior (clavado de frente)[1]	2-16d cada 16 pulg	2-3 x .131 cada 12 pulg
Las placas superior en las intersecciones (clavadas de frente)	2-16d en cada lado de la unión	4-3 x .131 a cada lado de la unión
Montante a montante (clavado de frente)	2-16d cada 24 pulg	2-3 x .131 cada 16 pulg
Travesaño a travesaño (clavado de frente)	1-16d cada 16 pulg a lo largo de los bordes	1-3 x .131 cada 12 pulg a lo largo de los bordes
La placa inferior a la viga de piso, la viga de banda, viga de reborde o al bloqueo (clavado de frente)[3][4]	1-16d cada 16 pulg	1-3 x .131 cada 8 pulg a lo largo de los bordes
Entablado de pared[1]		
Paneles estructurales	1-8d cada 6 pulg, 12 pulg de campo	1-1½ x .131 a cada 6 pulg, 12 pulg de campo
Entramado de piso		
Vigas al larguero, a la placa superior o viga maestra (clavado oblicuo)	4-8b por viga	4-3 x .131 por viga
Arriostramiento a la viga (clavado oblicuo)	2-8d en cada extremo	2-2½ x .131 en cada extremo
Bloqueo a la viga (clavado oblicuo)	2-8d en cada extremo	2-2½ x .131 en cada extremo
Bloqueo al larguero o placa superior (clavado oblicuo)	3-16d en cada bloque	4-3 x .131 en cada bloque
Tira de andamio a la viga (clavado de frente)	3-16d debajo de cada viga	4-3 x .131 debajo de cada viga
Viga del andamio a la viga (clavado oblicuo)	3-8b por viga	3-3 x .131 por viga
Viga de reborde a viga (clavado del extremo)	3-16d por viga	4-3 x .131 por viga
Viga de reborde al larguero o placa superior (clavado oblicuo)[1]	2-16d cada 12 pulg	2-3 x .131 cada 8 pulg
Entablado de piso		
Paneles estructurales		
1 pulg o menos	1-8d cada 6 pulg, 12 pulg de campo	1-1½ x .131 a cada 6 pulg, 12 pulg de campo
Más de 1 pulg	1-10d a cada 6 pulg del borde, 6 pulg de campo	1-3¼ x .131 a cada 6 pulg del borde, 6 pulg de campo

(1) Para zonas de vientos fuertes, consulte los códigos locales.

(2) Vea la **Figura 87, en la página 49**, para encontrar programas detallados para cumplir con las condiciones específicas de carga de techo.

(3) Los requisitos de clavado están basados en que el entablado de pared esté clavado cada 6 pulg entre centros al borde del panel. Si el entablado de pared se clava a 3 pulg entre centros al borde del panel para obtener capacidades de corte altas, los requisitos de clavado para los miembros estructurales deben doblarse, o se debe usar conectores alternativos , como placas contra corte, para mantener el recorrido de la carga.

(4) Cuando el entablado de pared es continuo sobre los miembros conectados el número tabulado de clavos puede reducirse a 1-16d clavos por pie.

ESTRIBOS PARA VIGAS DE MADERA SÓLIDA

Cuando use estribos para vigas, es vital que use el tamaño correcto de estribo y llene todos los orificios con clavos.

No raje los extremos. Un clavo que raja la madera reducirá la capacidad de carga de la viga. En situaciones críticas, usted puede taladrar previamente los orificios de hasta tres cuartos del diámetro del clavo.

Los conectores de doble hoja ofrecen mayor resistencia con menos clavos (**Figura 17**).

Clavos para estribos

Un estribo en particular podría necesitar claves comunes tamaño 8d, 10d, 12d o 16d. También pueden usarse clavos especiales para estribos. Aunque tienen diámetros de cuerpo de 8d o 10d, sólo miden 1 1/4 a 1 1/2 pulg de largo, así que pueden insertarse en la viga sin que sobresalgan por el otro lado. Usarlos donde el estribo necesita clavos 10d o 12d de largo completo, reducirá la capacidad de carga del estribo en un 20 a 30%. Los catálogos de estribos ofrecen factores de ajuste para tamaños específicos de clavos. No use clavos para estribos en lugar de clavos más largos en los estribos de doble hoja ni como clavos de cara en estribos sesgados.

Efecto del encogimiento de la madera en los estribos

Los estribos están diseñados para usarse con madera seca. Si la madera está húmeda, el encogimiento podría dejar un hueco entre la parte inferior de la viga y la montura del estribo o entre la parte superior de la viga y la cubierta del piso.

ESTRIBOS PARA VIGAS I DE MADERA

Las vigas I de madera requieren estribos especiales. No trate de adaptar estribos convencionales.

Figura 17. Conectores de doble hoja de corte

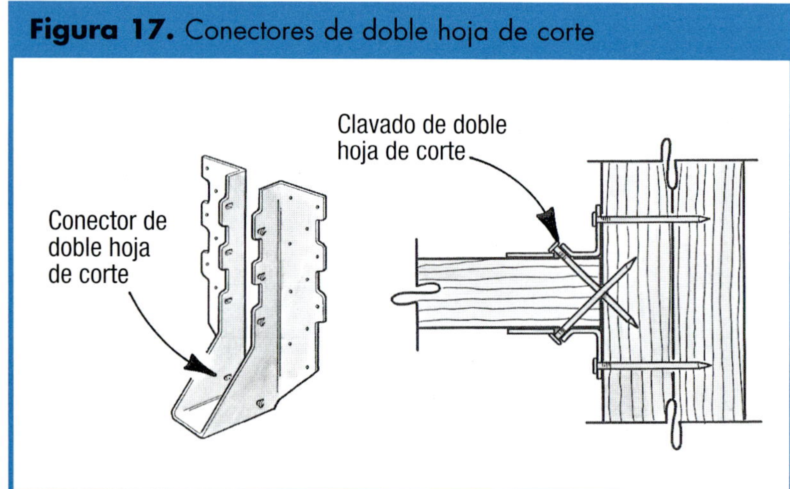

Los estribos más resistentes son aquéllos que ofrecen clavado de hoja doble que cruza los extremos de las vigas. El ángulo también facilita el clavado a las vigas en un claro de viga.

Figura 18. Altura de estribo de viga I

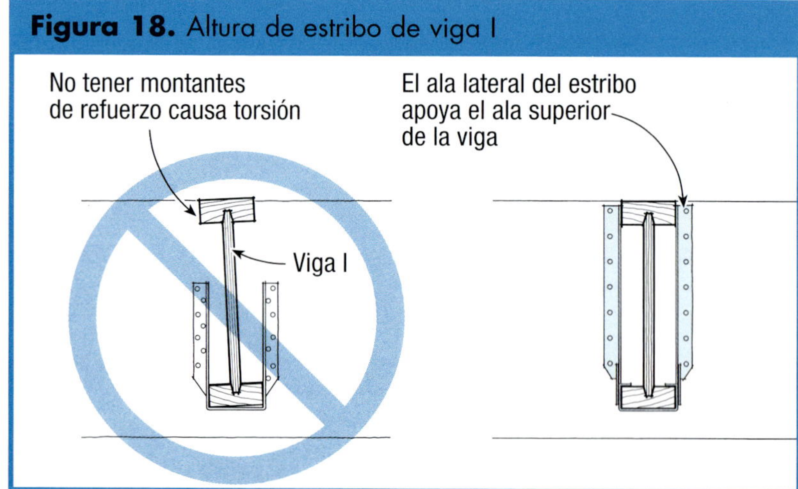

Los estribos deben ser de toda la altura de la viga I (a la derecha), a menos que se usen montantes de refuerzo. De otro modo, las vigas podrían torcerse (a la izquierda).

Altura de los estribos de viga I

Los estribos para las vigas I de madera deben ser lo suficientemente altos para capturar el ala superior de la viga I a menos que se use un montante de refuerzo; de otra forma, la viga podría rodarse en el estribo (**Figura 18**). Si se usa un montante de refuerzo, el ala lateral del estribo debe tener por lo menos el 60% de la profanidad de la viga.

Anchura de los estribos de viga I

Los estribos para vigas I deben ser del mismo ancho que el ala de la viga. No recorte el ala para que se ajuste a un estribo más angosto; esto reducirá la resistencia de la viga. Un estribo más ancho dejará un hueco, lo cual causará que rechine, o necesitará que se rellene con madera laminada, lo cual cargará desigualmente el estribo.

Clavado de los estribos para vigas I de madera

Inserte un clavo en cada orificio con clavos del tamaño correcto; si no se usan todos los clavos se reducirá grandemente la capacidad del estribo. Los clavos que son demasiado largos pueden llegar a la parte inferior del estribo y voltearse debajo de la viga, lo que causará que rechine.

Montantes de refuerzo

Para las conexiones de viga I a viga I, instale montantes de refuerzo contra la parte inferior del ala superior de la viga cargadora (**Figura 19**).

Clavadores de madera para vigas I

Para los estribos que se apoyan en clavadores de madera, el clavador no debe sobresalir de su apoyo más de 1/4 pulg ni colocarse a más de 1/8 pulg del borde (**Figura 20**).

Figura 19. Estribos en las vigas I

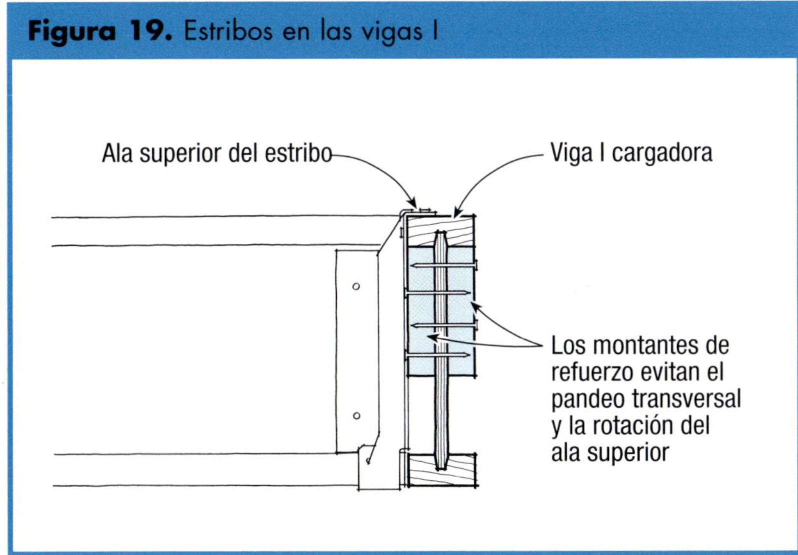

Antes de instalar los estribos en una viga I, instale los montantes de refuerzo contra la parte inferior del ala superior de la viga cargadora para poder llenar cada hueco para clavo del estribo.

Figura 20. Estribos de viga I en concreto y acero

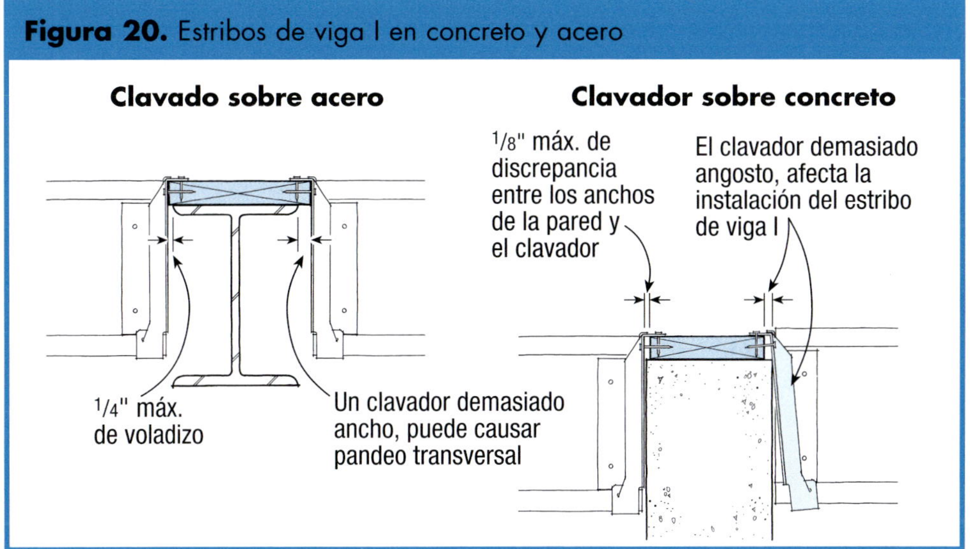

Cuando se aplica un clavador de madera sobre concreto o acero, asegúrese de que el clavador no sea demasiado ancho (a la izquierda) o demasiado angosto (a la derecha), o esto afectará la resistencia del estribo.

Los sistemas de piso obtienen su resistencia de la acción de diafragma del contrapiso, el cual generalmente es madera laminada T&G adherida y ya sea clavada o atornillada sobre las vigas espaciadas uniformemente.

PROFUNDIDAD DE LA VIGA

Regla general. La mayoría de los códigos suponen cargas en los pisos residenciales de 50 libras por pie² — 40 libras de carga viva más 10 de carga muerta. Si las condiciones de carga no sobrepasan este valor, puede usar la siguiente regla general para calcular el tamaño de las vigas de piso residenciales con cargas uniformes:

Mitad del tramo + 2 = Profunidad de la viga

Primero, redondee el tramo de espacio de la viga del piso aumentándolo hasta el siguiente número de pies y divídala entre 2. Después añada 2 a la respuesta. Por ejemplo: Para un tramo de espacio de 15 pies 6 pulg, redondéelo a 16 y divida este tramo entre 2, lo que le dará 8. Después añada 2 para obtener la profundidad necesaria en pulgadas (8 + 2 = 10). Es importante usar las dimensiones reales de la madera, no las dimensiones nominales, así que se necesitará una viga de piso de 2x12.

Figura 21. Cargas vivas para pisos y techos

Componente	Carga viva (lbs/pie²)
Habitaciones residenciales	40
Terrazas	60
Balcones	60
Escapes de incendios	40
Escaleras	40
Vigas de techo (con almacenaje limitado en el ático)	20
Vigas de techo (sin almacenaje en el ático)	10

Las cargas vivas incluyen todas las cargas que no sean parte del edificio en sí (cargas muertas), como personas, muebles, viento y nieve.

CARGAS DE DISEÑO PARA VIGAS DE PISO

Cargas vivas. Una carga viva de 40 psf cumplirá con la mayoría de los códigos de espacios vivos residenciales (algunos sólo requieren 30 psf en los dormitorios). Para las cargas vivas típicas, vea la **Figura 21**.

Cargas muertas. Para cargas muertas, 10 psf son adecuadas para construcciones estándar de armazón de madera. Para los pisos de mosaicos de cerámica instalados con mortero, construya la armazón para una carga muerta de 20 psf. Para otras situaciones especiales, calcule las cargas de acuerdo a los pesos de los materiales de construcción (**Figura 22**).

ESPACIAMIENTO DE LAS VIGAS

Las vigas de piso y techo generalmente están armadas a 16 pulg entre centros. Sin embargo pueden armarse a 12 pulg entre centros para aumentar la rigidez o para aumentar el tramo de una sección del sistema de piso sin cambiar la profundidad de la madera.

Figura 23. Tramo de viga

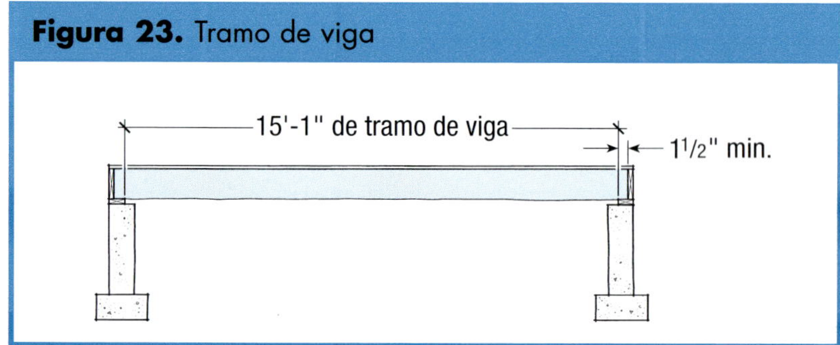

Las tablas de tramos proporcionan la distancia clara entre apoyos; el largo real de la viga incluye un largo de apoyo adicional en cada extremo.

Figura 22. Pesos de materiales comunes para edificios

Materiales	Libras por pie²
Montantes, vigas y cabios	
2x4s, 16 pulg entre centros	9
2x6s, 16 pulg entre centros	1.4
2x6s, 24 pulg entre centros	1
2x8s, 16 pulg entre centros	1.9
2x8s, 24 pulg entre centros	1.3
2x10s, 16 pulg entre centros	2.4
2x10s, 24 pulg entre centros	1.6
2x12s, 16 pulg entre centros	2.9
2x12s, 24 pulg entre centros	2
Armaduras de techo residencial, 24 pulg entre centros	4
Bienes de hoja	
1/2 pulg de madera laminada	1.5
3/4 pulg de madera laminada	2.3
1/2 pulg de muro en seco	2
5/8 pulg de tablero de yeso	2.5

Materiales	Libras por pie²
Pisos	
3/4 pulg de pisos de tiras de madera dura	4
3/8 pulg de losetas de cerámica	2.5
1/2 pulg de losetas de cantera	6
1 pulg de cama de mortero	12
Tabla de respaldo de cemento	3.5
Alfombra y bajo alfombra	3
Revestimiento de pared exterior	
Forrado de madera	1.5
Estuco de tres capas	10
Unidad de ventana	8
Techado	
Tejas de asfalto	2.5 - 4.5
Tejas de arcilla	9 - 12
Tejas españolas	19
Cama de mortero para tejas de techo	10
Aislante (por pulg de grosor)	
Aislante de bloques de fibra de vidrio	.05
Espuma rígida	.2

Tamaño de viga

Esta tabla puede usarse como una guía aproximada para calcular cargas muertas. Para el peso exacto de materiales específicos, es mejor consultar al fabricante.

TABLAS DE LOS TRAMOS DE ESPACIAMIENTO DE LAS VIGAS

El tramo de la viga significa la distancia horizontal de espacio libre entre apoyos (**Figura** 23). La longitud real de la viga es más larga para proporcionar suficiente apoyo en cada extremo (vea "Apoyo de las vigas I", **en la página** 28). Los tramos para las vigas de piso y techo de madera dimensional se proporcionan en las **Figuras 24 a 27, en las páginas** 89 a 92.

Si la especie o el grupo de especie que está usando no están listado, elija uno con el mismo valor Fb o levemente menor en la **Figura** 4, **página** 5. Si es necesario, puede interpolar entre dos valores.

Figura 28. Colocación de un perno de anclaje

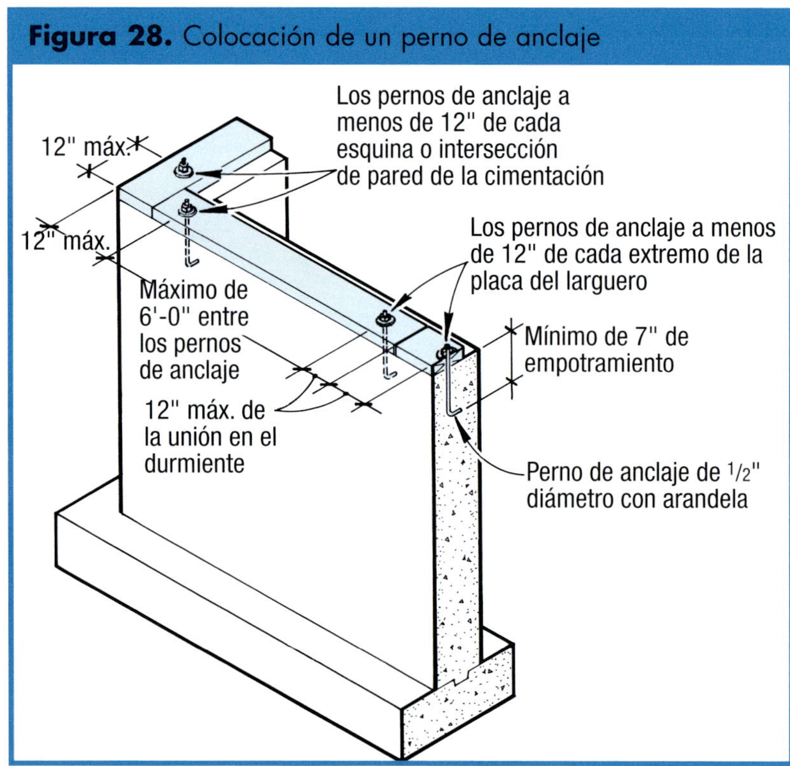

Cada sección de larguero requiere por lo menos dos pernos de anclaje, colocados como se muestra.

DETALLES DEL ENTRAMADO

Placas de durmiente

Para las placas de durmiente que estarán en contacto con cimentaciones de concreto o mampostería, use madera tratada a presión para protegerla de la descomposición y de ser atacadas por insectos.

Pernos de anclaje

Conecte el durmiente al cimiento con pernos de anclaje o amarres de anclaje espaciados no más de 6 pies.

La mayoría de los códigos piden como mínimo pernos J de acero de 1/2 pulg incrustados por lo menos 7 pulg en el concreto, las uniones de mortero o las unidades de mampostería con lechada sólida. Cada sección de durmiente debe tener por lo menos dos pernos, con uno colocado entre 3 1/2 a 12 pulg de cada extremo (**Figura** 28). Cada perno necesita una tuerca y una arandela del tamaño correcto.

Figura 29. Extremos ahusados de vigas

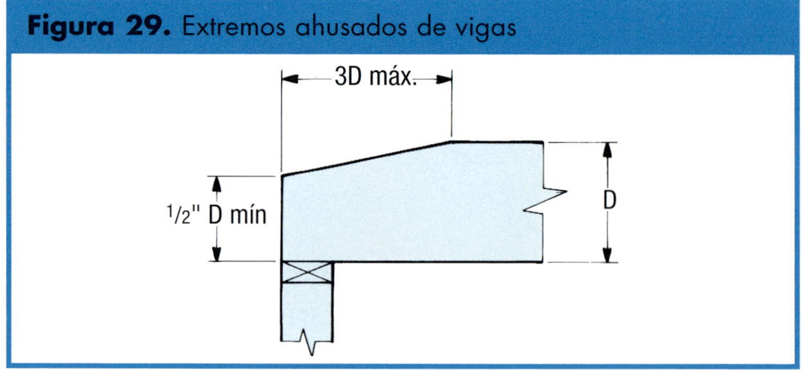

En donde las vigas de techo están ahusadas en los aleros, asegúrese de que el ancho del corte no sobrepase tres veces la profundidad de la viga y que el extremo de la viga sea por lo menos de la mitad de la profundidad.

Anclas de cuña. Si faltan los pernos de anclaje, use anclas de cuña de 1/2 pulg o anclas adhesivas que usen cápsulas de vidrio de martillar. Con un ancla de cuña, apretar la tuerca expande el ancla hasta que queda trabada ajustadamente contra los lados del orificio. El ancla de cuña debe apretarse a la torsión que especifique el fabricante. Apretarla demasiado puede pulverizar el concreto que la rodea. Además, las anclas no pueden colocarse demasiado cerca del borde de una losa de concreto o una pared de cimentación.

Anclas adhesivas. Las anclas adhesivas pueden colocarse espaciadas más cerca entre sí y más cerca de los bordes de una losa o pared, que las anclas de cuña. Taladre un orificio en el concreto y coloque la cápsula adentro. Después coloque el ancla en el orificio y golpee usando un marro pequeño, esto mezcla las sustancias químicas de la cápsula. **Nota:** Las cápsulas duran mucho guardadas, pero deben protegerse contra el congelamiento.

Apoyo de las vigas

Las vigas deben tener por lo menos 1 1/2 pulg de buen apoyo sobre madera o metal, o 3 pulg en mampostería (**Figura 23, página 18**). De ser necesario, puede hacer una muesca de modo seguro en una viga en su punto de apoyo hasta un sexto de la profundidad de la viga.

Las vigas de techo con frecuencia son ahusadas para que se ajusten debajo de los cabios del techo. Pero ahusarlas demasiado debilitará las vigas en sus puntos de apoyo. Si tiene que ahusar los extremos de una viga de techo, siga la directriz que se muestra en la **Figura 29**.

Perforación y muescas de vigas

En general, no haga ningún corte en el tercio medio de una viga. Además, evite los cortes verticales en la parte inferior de una viga, en lugar de eso haga los cortes en ángulo para reducir la probabilidad de rajaduras. Para otras reglas, siga las recomendaciones de la **Figura 30**.

En donde necesiten pasar elementos mecánicos a través de una viga que apoya una pared divisoria, use una viga doble con bloqueo en medio para crear una cavidad (**Figura 31**).

Vigas de reborde y arriostramiento

Para evitar que las vigas se tuerzan, los extremos deben estar clavados a una banda sólida de vigas (vigas de reborde) o un travesaño. Si no tiene una banda para vigas ni travesaños, clave

Pernos de anclaje

Apoyo de las vigas

Perforación y muescas de vigas

Figura 30. Cortes, muescas y perforaciones a las vigas de madera

Tamaño de viga	Orificio máximo	Profundidad máxima de muesca	Muesca máxima al extremo
2x4	Ninguno	Ninguno	Ninguno
2x6	1 1/2	7/8	1 3/8
2x8	2 3/8	1 1/4	1 7/8
2x10	3	1 1/2	2 3/8
2x12	3 3/4	1 7/8	2 7/8

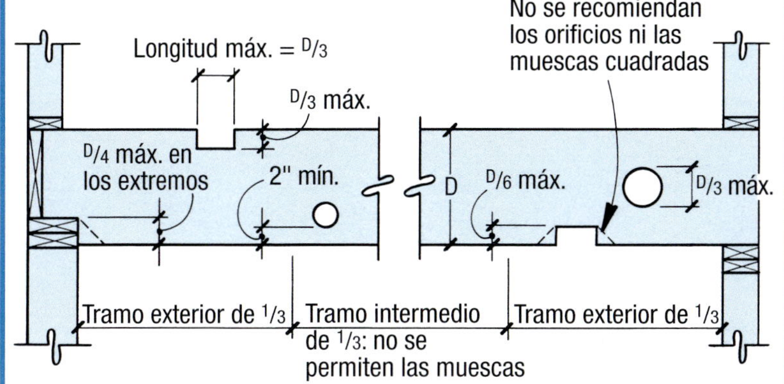

No haga muescas en el tercio intermedio del tramo en donde son mayores las fuerzas de deflexión. Para todos los cálculos, use dimensiones reales no nominales.

un bloqueo sólido entre los extremos de las vigas. La mayoría de los códigos no requieren arriostrado adicional a menos que la viga sea por lo menos seis veces más alta que ancha, en cuyo caso es necesario el arriostrado cada 8 pies. Sin embargo, el arriostrado sólido o tipo x a medio tramo ayudará a hacer más rígido cualquier piso.

RECORRIDOS DE CARGA

Todas las cargas comienzan en el techo y deben transferirse por un recorrido sin obstrucciones a través de los elementos estructurales a la cimentación. Muchos problemas de grietas, las cuales se mal interpretan como "asentamiento", son causados en realidad por recorridos de carga obstruidos. Estos recorridos de carga obstruidos causan que las cargas queden apoyadas en áreas que no están diseñadas para sostenerlas.

Figura 31. Colocación de artefactos mecánicos

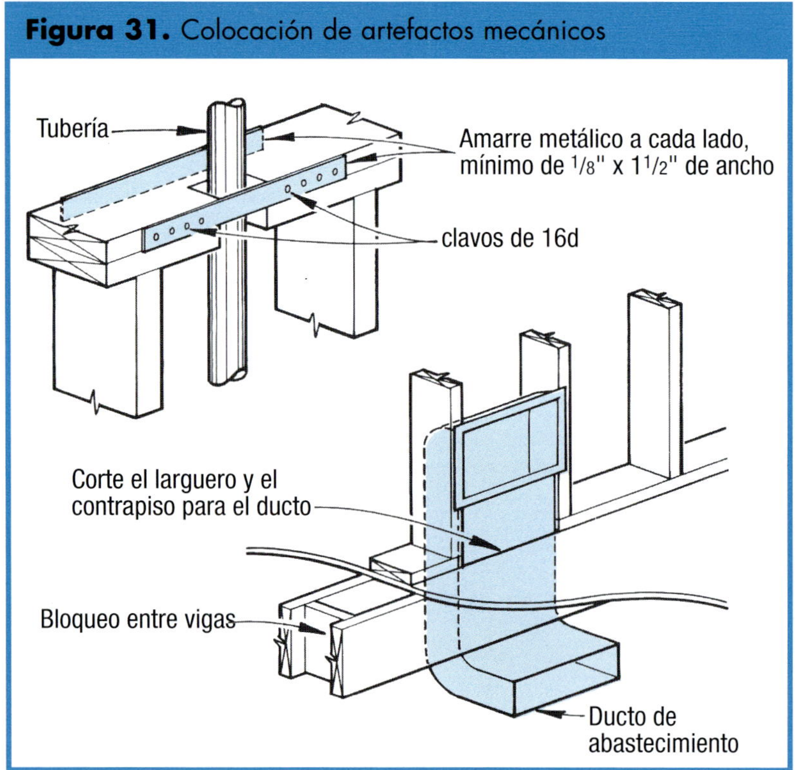

Las divisiones que sirvan de apoyo a las vigas no deben cortarse ni recortarse para colocar los artefactos mecánicos. En lugar de eso, coloque doble viga con bloqueo en el centro para crear una cavidad.

Apoyo para los muros cargadores

Paralelo a las vigas. De manera ideal, si un muro cargador se encuentra paralelo a las vigas del piso, debe asentarse directamente sobre una viga o una vigueta apoyada por un muro cargador por debajo. Si el muro cargador se encuentra entre dos vigas, complete el recorrido de carga instalando bloqueo sólido entre las dos vigas cada 16 pulg entre centros.

Figura 32. Alineación de los muros cargadores

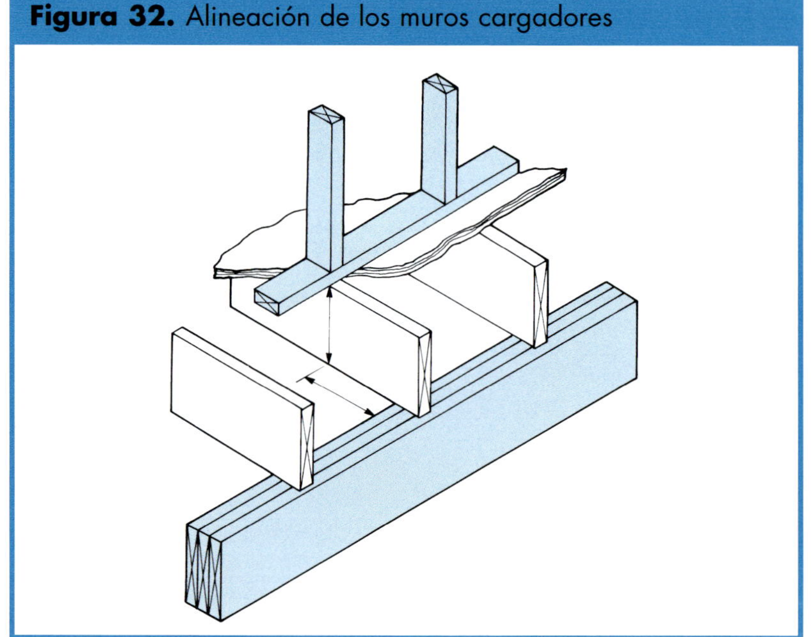

Nunca desplace un muro cargador de una viga o muro cargador debajo a una distancia mayor que la profanidad de las vigas.

Perpendicular a las vigas. Si un muro cargador está colocado perpendicular a las vigas del piso, debe desplazarse no más de la profundidad de las vigas de una viga cargadora o un muro cargador debajo (**Figura 32**).

Apoyo para los muros no cargadores

Un muro no cargador que se coloca paralelo a las vigas no necesita colocarse directamente sobre una viga. Sin embargo, cuando no está directamente sobre una viga, debe instalarse bloqueo sólido entre las vigas para sostener la carga (**Figura 33**). Si la pared está colocada directamente sobre una viga, esa viga debe ser doble.

Cargas en un punto

Una carga concentrada que se apoya en un sistema de piso — como un poste estructural — debe colocarse directamente sobre un poste o viga que esté debajo. Además, un bloqueo sólido (con un corte transversal por lo menos tan grande como el poste) debe llevar la carga a través del sistema de piso al poste o viga subyacente.

Recorridos de carga

Figura 33. Bloqueo debajo de muros no cargadores

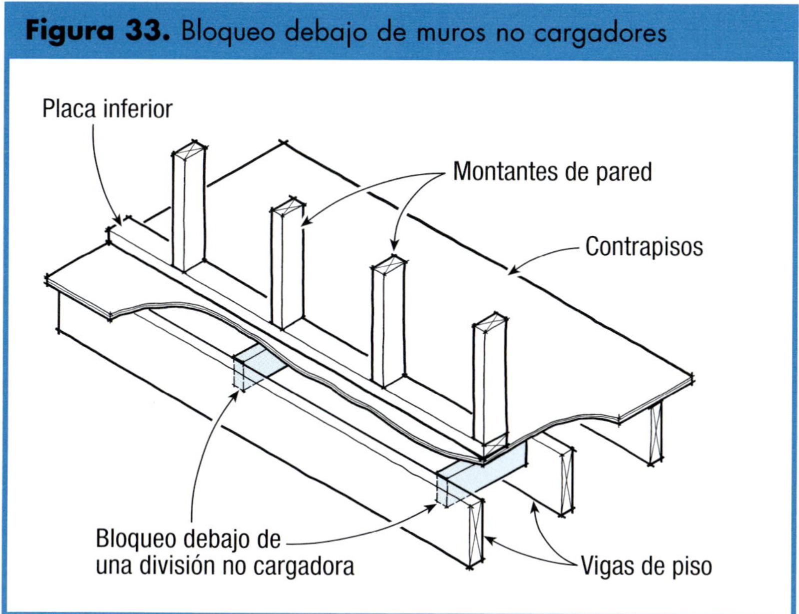

Instale el bloqueo en donde el muro no cargador se apoya entre las dos vigas. En donde descanse directamente en la viga, la viga deberá ser doble.

ABERTURAS EN LOS PISOS

En donde la abertura en el piso sea mayor de 4 pies de ancho, tanto los travesaños como los brocales deben ponerse dobles (**Figura 34**). Los travesaños de más de 6 pies de largo deben estar sujetos con conectores de acero y debe calcularse su tamaño de acuerdo a la carga.

Enmarcar la abertura del piso

Figura 34. Aberturas armadas

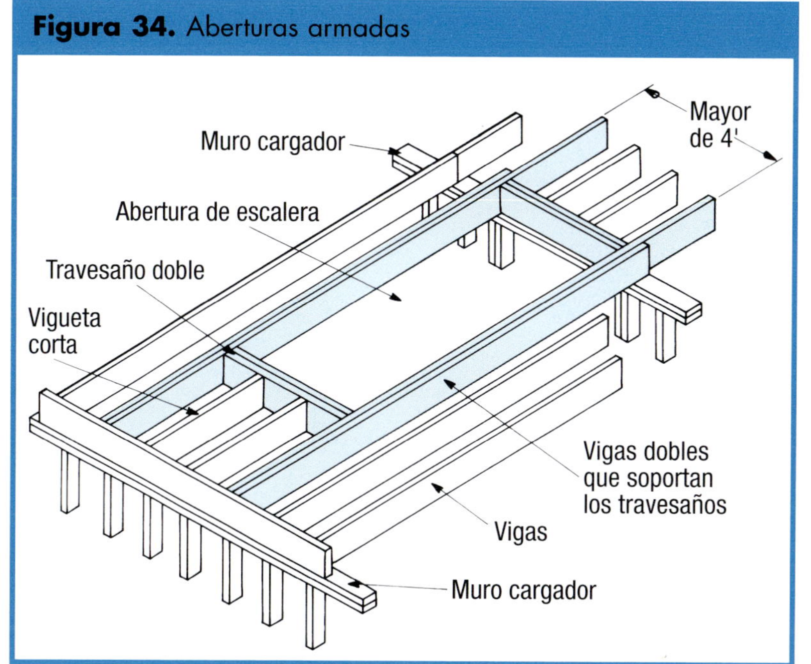

En donde el travesaño de una abertura de piso sea mayor de 4 pies, use brochales y travesaños dobles. En donde el travesaño sobrepase 6 pies, debe instalarse con anclas de entramado.

Figura 35. Detalles de voladizo

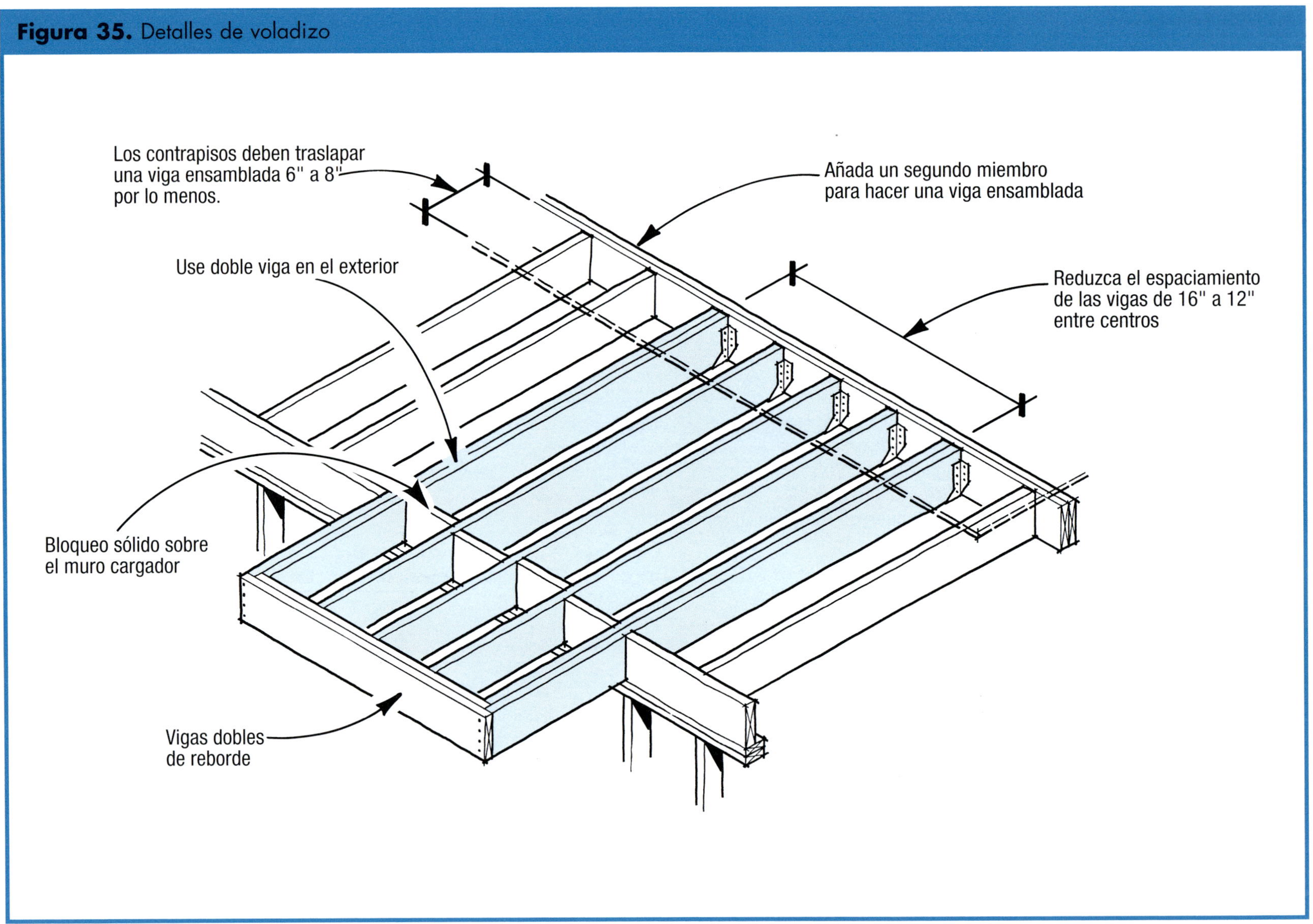

Cuando esté entramando cualquier área de piso en voladizo, preste atención estricta a todas las conexiones y a los tamaños de los miembros de apoyo.

Una viga corta en una abertura armada que sea más larga que 12 pies debe estar conectada con estribos. De otro modo, debe asentarse en un puente de 2x2 (mínimo) clavado a la cara del travesaño.

Pisos en voladizo

PISOS EN VOLADIZO (CANTILEVER)

Los detalles básicos de armado para todos los voladizos se muestran en la **Figura** 35.

Voladizos con carga

En los pisos en voladizo que apoyen sólo la carga del techo con un tramo total de 28 pies o menos (como en una casa de estilo Garrison), las vigas pueden estar en voladizo hasta un octavo del largo del tramo de la madera. En donde las cargas son mayores, el voladizo no debe exceder la profundidad de las vigas a menos que el sistema esté procesado.

Voladizos sin carga

Un voladizo que soporta una pared que no tiene carga no debe sobrepasar un cuarto del tramo de la viga. En las terrazas voladizas sin carga (sólo la carga del piso), la protuberancia máxima es de un tercio del tramo (**Figura 36**).

Voladizos proyectados

Los voladizos que sobrepasen estos límites deben ser construidos con elementos procesados. Colocar dos vigas o reducir el espaciamiento de las vigas, a la vez que mejorar las conexiones, con frecuencia permite tener voladizos más grandes.

Figura 36. Reglas generales para los voladizos

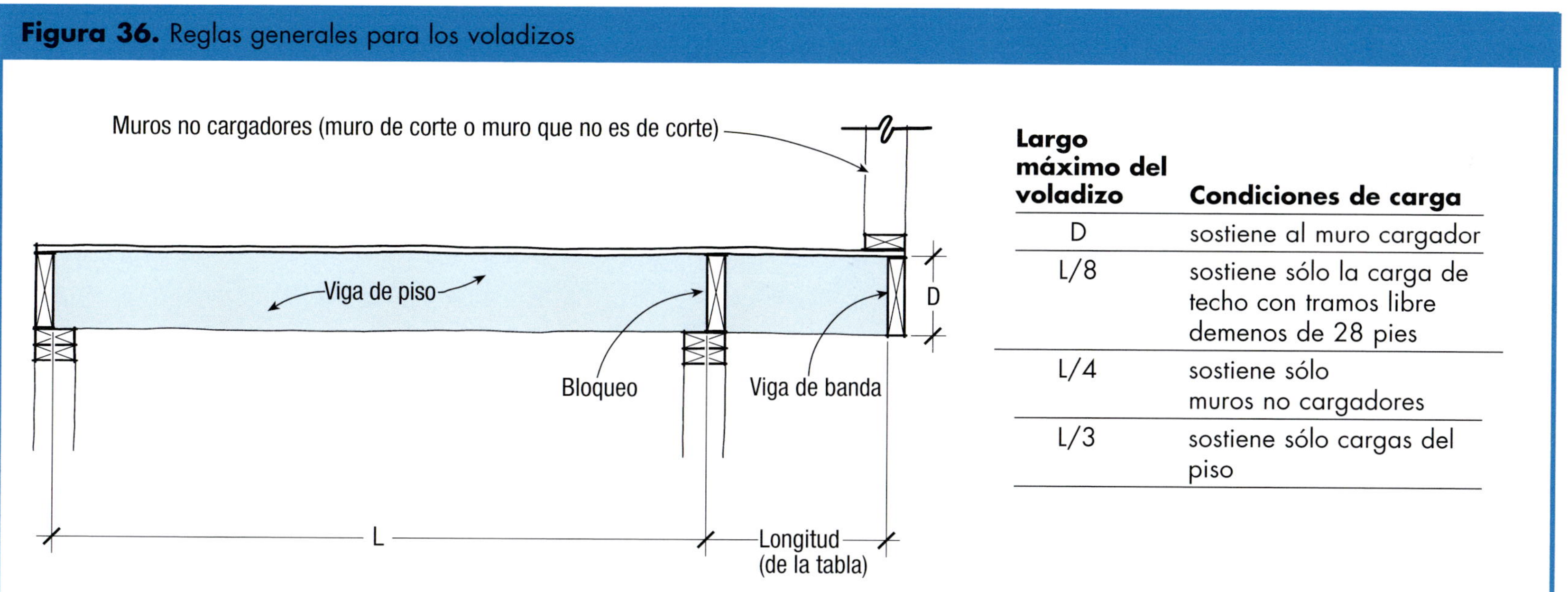

Largo máximo del voladizo	Condiciones de carga
D	sostiene al muro cargador
L/8	sostiene sólo la carga de techo con tramos libre demenos de 28 pies
L/4	sostiene sólo muros no cargadores
L/3	sostiene sólo cargas del piso

La distancia máxima que las vigas en voladizo pueden extenderse más allá del muro cargador u otro apoyo depende de la carga que soporte el extremo del voladizo.

Los contrapisos de mejor calidad consisten de madera laminada machihembrada (T&G) que está encolada y clavada o atornillada a las vigas. Los contrapisos T&G mejora la rigidez percibida del piso, y ayuda a evitar los rechinidos. Los contrapisos que no son machihembrados (T&G) deben tener bloqueo sólido debajo de todas las uniones entre los paneles.

TRAMOS DE CONTRAPISO

Aunque los contrapisos machihembrados no requieren bloqueo sólido en las uniones, cada hoja debe apoyarse en dos vigas por lo menos. Los paneles están clasificados para tramos de 16, 20 ó 24 pulg, dependiendo del grosor y grado. La información de los tramos está estampada en las hojas individuales (**Figura 8, página** 7).

SUJECIÓN DE PANELES DE CONTRAPISO

Clave los paneles con clavos comunes 6d por lo menos, separados a 6 pulg entre centros en los bordes del panel y a 12 pulg entre centros en el campo. Mantenga los clavos por lo menos a 3/8 pulg de los bordes. (Para encontrar los requisitos de clavado en muros cortantes, vea “Muros cortantes” en la **página 69.**)

Para encontrar los programas de clavado, vea la **Figura 16**, en las **páginas 14-15**.

Separaciones en el contrapiso

APA recomienda que los paneles del contrapiso estén separados 1/8 pulg a lo largo de los bordes y los extremos. Puede usarse un clavo para madera 10d para medir el espaciamiento.

Encolado del contrapiso

Cuando se claven paneles de contrapiso a vigas en condiciones húmedas, use un adhesivo de construcción con etiqueta AFG-01 o ASTM D 3498. Los adhesivos de construcción con base de solvente generalmente disipan el agua mejor que los adhesivos con base de látex y uretano.

Entablado de techos y paredes

No pegue el entablado de techos ni paredes al entramado. Los paneles de entablado tienden a ser más delgados que los paneles de contrapiso, así que son más propensos a pandearse cuando están húmedos.

Los tramos, los detalles de instalación y otras especificaciones de las vigas I de madera varían de un fabricante a otro. Por lo tanto, es importante consultar los materiales impresos del fabricante cuando se usen estos productos.

PERFORACIÓN Y MUESCAS DE VIGAS I

Las reglas varían, dependiendo del fabricante de la viga I, pero las directrices siguientes generalmente se aplican al corte de orificios en las vigas I de madera.

Sin orificios en las alas

Nunca haga orificios ni cortes en las alas de las vigas I — los esfuerzos de doblado son demasiado altos. Incluso una pequeña ranura en el ala inferior puede debilitar de manera crítica una viga I.

Orificios en el alma de la viga

Siga las directrices del fabricante sobre las distancias mínimas entre orificios y los puntos de apoyo (**Figura 37**). Use los orificios ciegos del fabricante siempre que sea práctico. En

Contrapisos

Perforación y muescas de vigas I

Figura 37. Reglas de corte y para muescas para las vigas I de madera

Distancia mínima (pies-pulg) de la cara interior del soporte al borde cercano del orificio

Profundidad de las vigas	ITJI/Pro	Diámetro del orificio				
9 1/2"	150	1'-0"	1'-6"	3'-0"	5'-0"	6'-6"
	250	1'-0"	2'-6"	4'-0"	5'-6"	7'-6"
11 7/8"	150	1'-0"	1'-0"	1'-0"	2'-0"	3'-0"
	250	1'-0"	1'-0"	2'-0"	3'-0"	4'-6"
	350	1'-0"	2'-0"	3'-0"	4'-6"	5'-6"
	550	1'-0"	1'-6"	3'-0"	4'-6"	6'-0"
14"	250	1'-0"	1'-0"	1'-0"	1'-0"	1'-6"
	350	1'-0"	1'-0"	1'-0"	1'-6"	3'-0"
	550	1'-0"	1'-0"	1'-0"	2'-6"	4'-0"
16"	250	1'-0"	1'-0"	1'-0"	1'-0"	1'-0"
	350	1'-0"	1'-0"	1'-0"	1'-0"	1'-0"
	550	1'-0"	1'-0"	1'-0"	1'-0"	2'-0"

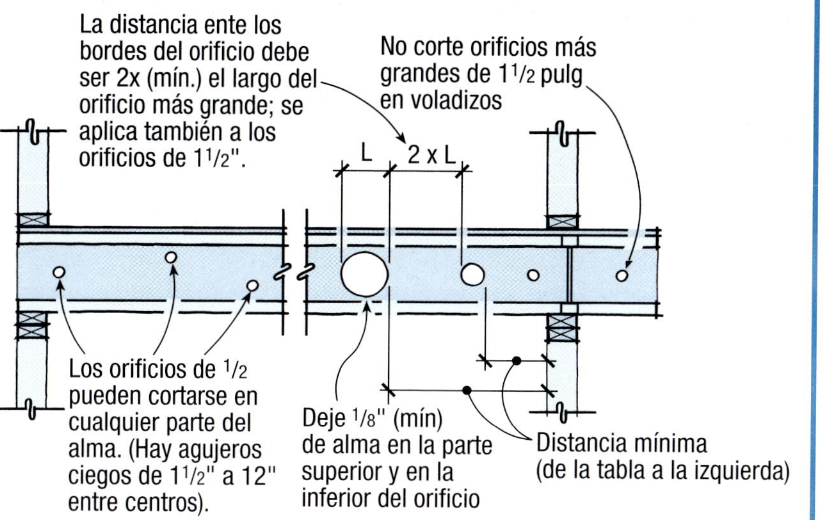

Nota: Las distancias en las tablas anteriores están basadas en vigas cargadas uniformemente usando el máximo de cargas mostradas en el folleto de vigas Trus Joist. Para otras condiciones de carga o configuraciones de orificio, comuníquese con el representante de Trus Joist. Para las vigas cargadas uniformemente de tramo simple (5 pies por lo menos), puede localizarse un orificio del tamaño máximo en el centro del tramo de la viga siempre que no haya más orificios en la viga. **NO** corte en las alas de la viga cuando corte en el alma.

La mayoría de los fabricantes permiten orificios hasta de 1 1/2 pulg en cualquier parte del alma, pero requieren que la distancia entre dos orificios sea por lo menos el doble del diámetro del orificio más grande. En todos los casos, siga las especificaciones del fabricante para las ubicaciones del orificio. El ejemplo provisto aquí es cortesía de Trus Joist. Los orificios más grandes se permiten según las especificaciones del fabricante.

general, puede cortar un orificio de hasta 1 1/2 pulgadas de diámetro en cualquier parte del alma.

Tamaño de los orificios. El tamaño permitido de los orificios aumenta a medida que se acerca al centro del tramo donde los esfuerzos cortantes son menores. Las esquinas redondeadas son mejores. La mayoría de los fabricantes requieren que la distancia entre dos orificios sea por lo menos dos veces el diámetro del orificio más grande.

Evite los cortes rectangulares. Con orificios rectangulares en las almas, evite cortar de más las esquinas. Las esquinas

Figura 38. Apoyo de viga I

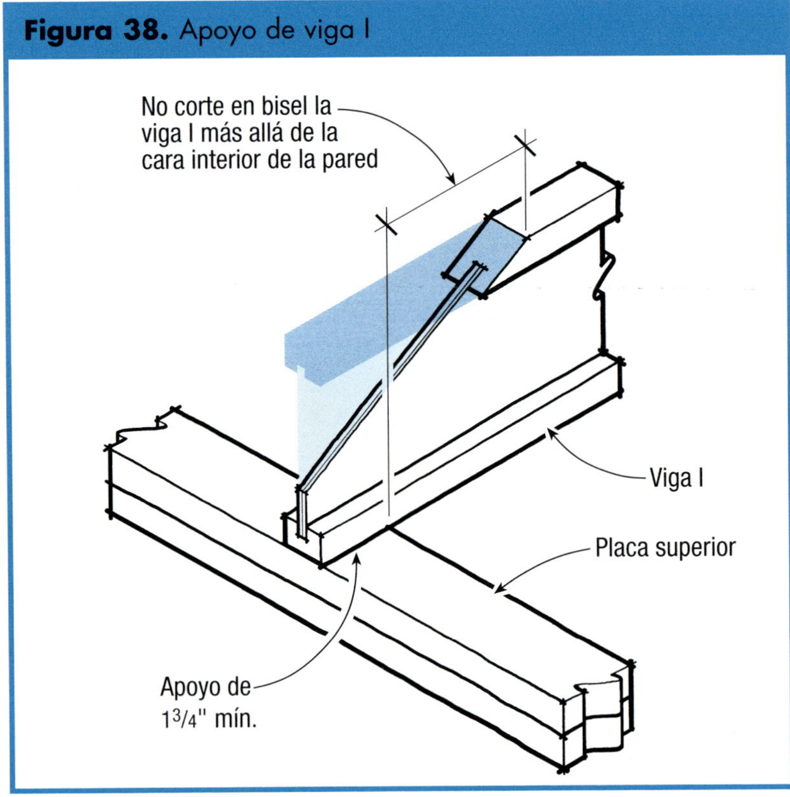

Provea apoyo adecuado para las vigas I y no abuse los extremos.

redondeadas son mejores. Una técnica es taladrar un orificio de 1 pulg en cada esquina y después cortar entre los orificios.

APOYO DE LAS VIGAS I

La mayoría de las vigas I requieren por lo menos 1 3/4 pulg de apoyo en cada extremo. Si el extremo de la viga se corta en bisel, el cordón superior debe también extenderse por fuera de la cara de la pared (**Figura 38**).

APUNTALAMIENTO TEMPORAL DE LAS VIGAS I

Las vigas I sin apuntalar son poco sólidas e inestables hasta que están completamente apuntaladas y entabladas. No toma mucho el rodarlas y dañarlas, así que instale todo el bloqueo y las tablas de los bordes tan pronto como sea posible.

Entablado y apuntalamiento de 1x4

Estabilice todas las vigas colocando el entablado a los primeros 4 pies del sistema de piso en un extremo de los tramos de vigas y después apuntalando el resto de las vigas al área de entablado con puntales de 1x4 colocados cada 6 a 8 pies. Clave los puntales horizontalmente a la parte superior de las vigas y traslápelas en los extremos en por lo menos dos vigas.

Evite sobrecargar las vigas I

Tenga cuidado de no sobrecargar las vigas I con materiales pesados de construcción, como pilas de madera laminada o tarimas de ladrillos. Si dichas cargas son inevitables, colóquelas directamente sobre muros cargadores, postes u otros apoyos adecuados.

RECORRIDOS DE CARGA DE LAS VIGAS I

Los muros de contención deben estar apilados sobre vigas maestras o muros cargadores por debajo. Use bloques de transferencia de carga o bloques de viga I para llevar la carga a través del sistema de piso (**Figura 39**).

No desplace los muros cargadores a menos que el diseño haya sido proyectado.

Vigas de reborde para los pisos de vigas I

Para evitar que se tuerzan las vigas — y para ayudar a transferir cargas de la pared superior a la pared inferior o la cimentación — sujete los extremos de las vigas I a una viga de altura completa (banda) o un travesaño o instale bloqueo entre las vigas.

Materiales de las vigas de reborde

Los materiales aceptables para las vigas de reborde incluyen: las vigas I del mismo tamaño que las que se usaron en el sistema de piso; una capa o dos de madera laminada tableros de fibra orientada (OSB); o madera procesada o productos de metal (**Figura 40**).

Figura 39. Apoyo para los muros cargadores

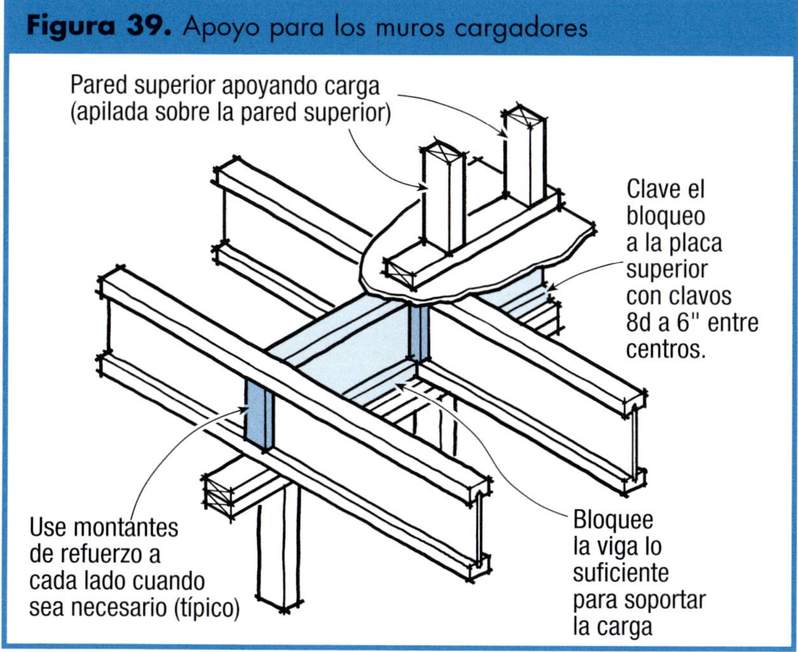

Cuando un muro cargador se apoya sobre una viga maestra u otra pared, debe instalarse bloqueo de altura completa para soportar la carga.

No mezcle vigas I de madera con vigas de reborde de madera sólida. No sólo es difícil igualar la altura de los dos materiales, sino que también la madera sólida se encogerá después de la instalación, lo que dejará demasiado peso en las vigas I.

Montantes de refuerzo para las vigas I

Los montantes de refuerzo hechos de madera laminada, OSB o

Figura 40. Vigas de reborde

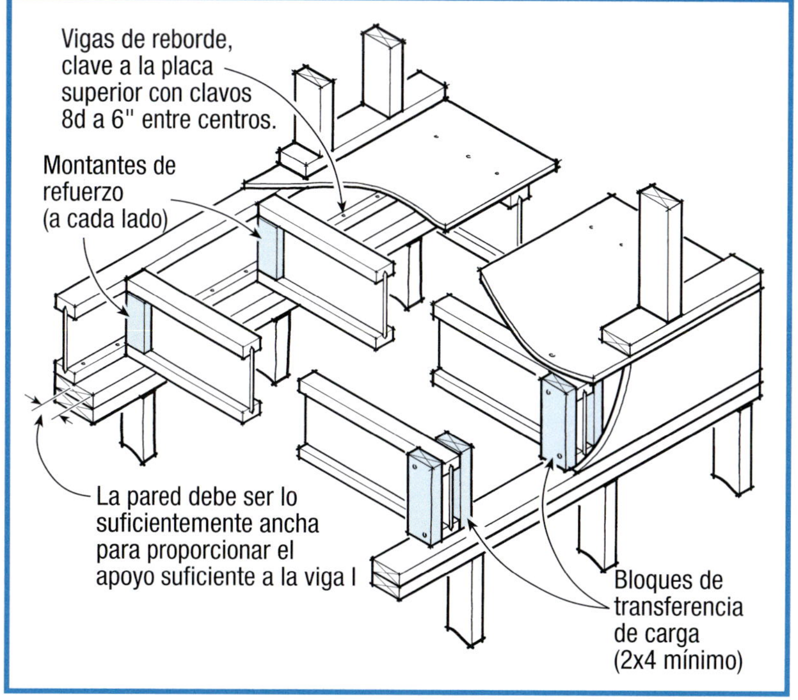

Vigas de reborde, clave a la placa superior con clavos 8d a 6" entre centros.
Montantes de refuerzo (a cada lado)
La pared debe ser lo suficientemente ancha para proporcionar el apoyo suficiente a la viga I
Bloques de transferencia de carga (2x4 mínimo)

En la construcción de vigas I, las vigas de banda generalmente consisten de vigas I de madera, madera laminada o materiales de vigas de reborde de compuesto especial. En los tramos largos podrían requerirse montantes de refuerzo. Pueden necesitarse bloques de transferencia de carga con los materiales de viga de reborde más delgados cuando existe un muro cargador por encima. Consulte las especificaciones del fabricante.

Apoyo de las vigas I
Apuntalamiento temporal
Recorridos de carga de las vigas I
Vigas de reborde

2x se usan para mantener las almas de las vigas I sin pandearse en los puntos de apoyo o en otras intersecciones. (Los materiales delgados de las almas no pueden transferir fuerzas grandes de corte.) Con los estribos, con frecuencia se requieren montantes de refuerzo en las almas para ofrecer un clavado sólido.

Los montantes de refuerzo de las almas en los puntos de apoyo deben instalarse ajustadas a la parte superior del ala inferior. Deje un espacio de 1/8 a 1/4 pulg en la parte superior del ala para evitar que al ser cargado el montante de refuerzo haga palanca y arranque el ala superior (**Figura 41**). Una excepción es donde las vigas apoyan una carga que está por encima a mitad del tramo. En este caso, instale el montante de refuerzo ajustado al ala superior con el espacio en la parte inferior.

Figura 41. Montantes de refuerzo

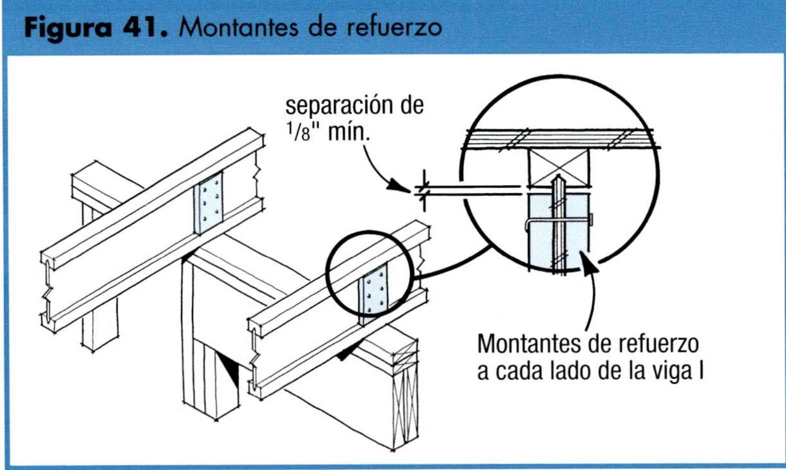

Los montantes de refuerzo de madera laminada, de OSB o de madera 2x (para las vigas I grandes) se requieren en ciertos puntos de apoyo para transferir la fuerza de corte y prevenir el pandeo del alma. Excepto en donde haya una carga concentrada por encima, los montantes de refuerzo deben ajustarse bien al ala inferior con un espacio en la parte superior. Los montantes de refuerzo también proveen un área sólida de clavado en los estribos. Siga los programas de clavado del fabricante.

Los montantes de refuerzo de las almas van en ambos lados de la viga I con la fibra de cara paralela al largo de la viga (para montantes de refuerzo de madera laminada y de tablero de fibra orientada). Clave los montantes de madera laminada y la de hoja de fibra orientada por cada lado con tres o más clavos 8d, en zigzag y remachados en los extremos. Para los montantes de refuerzo sólido de 2x, use tres clavos 16d (dos de un lado, uno del otro) y remache los extremos si penetran. En todos los casos, siga los programas de clavado del fabricante.

Bloques de transferencia de carga para las vigas I

Los bloques de transferencia de carga son necesarios bajo cargas concentradas como postes, y en algunos casos, en donde las vigas deben transferir la carga de una pared cargadora superior a otra pared cargadora que esté debajo.

Figura 42. Bloques de transferencia de carga

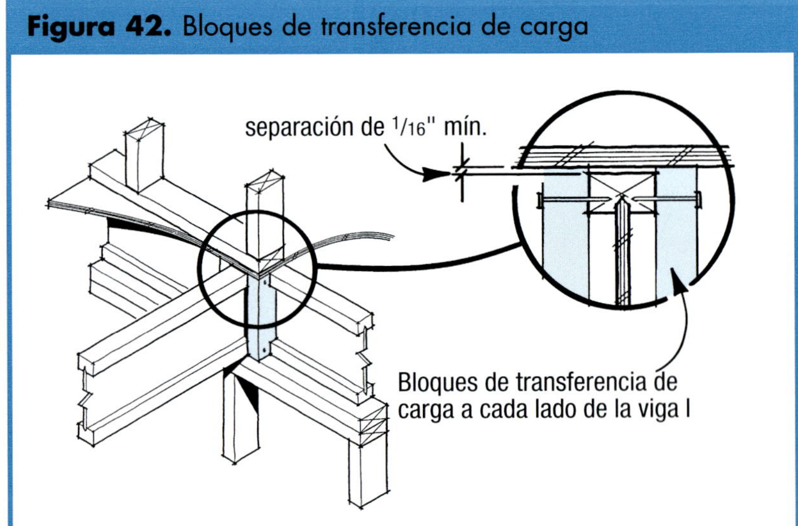

Los bloques de transferencia de carga se necesitan para transferir las cargas concentradas a través del sistema de piso en las paredes exteriores. Pueden usarse debajo de muros cargadores interiores en lugar de bloqueo de profundidad completa entre las vigas I.

Los bloques de transferencia de carga deben ser un poco más grandes que la profundidad de las vigas para garantizar que puedan absorber la carga completa. Sujete los bloques a las alas superior e inferior de la viga con clavos 8d (**Figura 42**).

Bloques de relleno para las vigas I

En donde dos o más vigas I sirven como viga maestra, el área del alma debe rellenarse con un bloqueo sólido de madera laminada, OSB o madera dimensional. El relleno garantizará que ambos miembros puedan sostener la carga.

Las piezas de relleno deben ser de un mínimo de 4 pies de largo, dependiendo de las especificaciones del fabricante y deben instalarse con un espacio en la parte superior (**Figura 43**). Los clavos deben ser remachados para evitar que se salgan.

Figura 43. Bloques de relleno

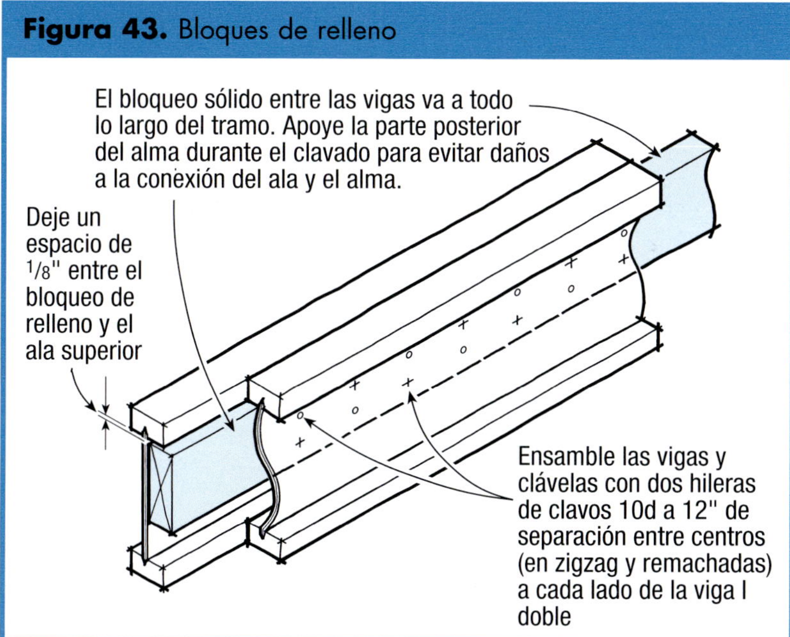

Deje un espacio mínimo de 1/8 pulg en la parte superior del bloque de relleno, lo que es necesario en donde dos vigas I sirven como una viga.

ABERTURAS EN LOS PISOS

En donde se sujete una viga o un larguero de escalera a un lado de la viga I, clave bloques de apoyo al alma para proporcionar una superficie de clavado. Estos bloques de ancho completo deben extenderse de 6 a 12 pulg más allá de ambos lados de la viga o larguero intersectado y podrían necesitarse en ambos lados del alma. Consulte los materiales impresos del fabricante para encontrar los detalles (**Figura 44**).

Figura 44. Bloques de respaldo

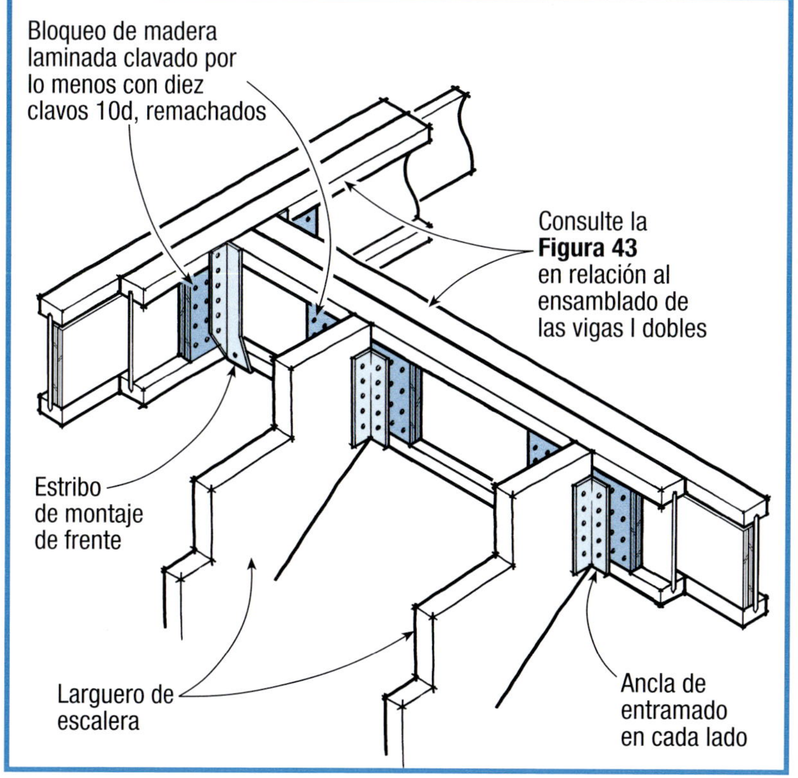

Bloqueo de madera laminada clavado por lo menos con diez clavos 10d, remachados

Consulte la **Figura 43** en relación al ensamblado de las vigas I dobles

Estribo de montaje de frente

Larguero de escalera

Ancla de entramado en cada lado

Los bloques de respaldo ofrecen un área de clavado para una viga o larguero de escalera que se sujeta en un ángulo recto.

Montantes de refuerzo

Bloques de transferencia de carga

Bloques de apoyo

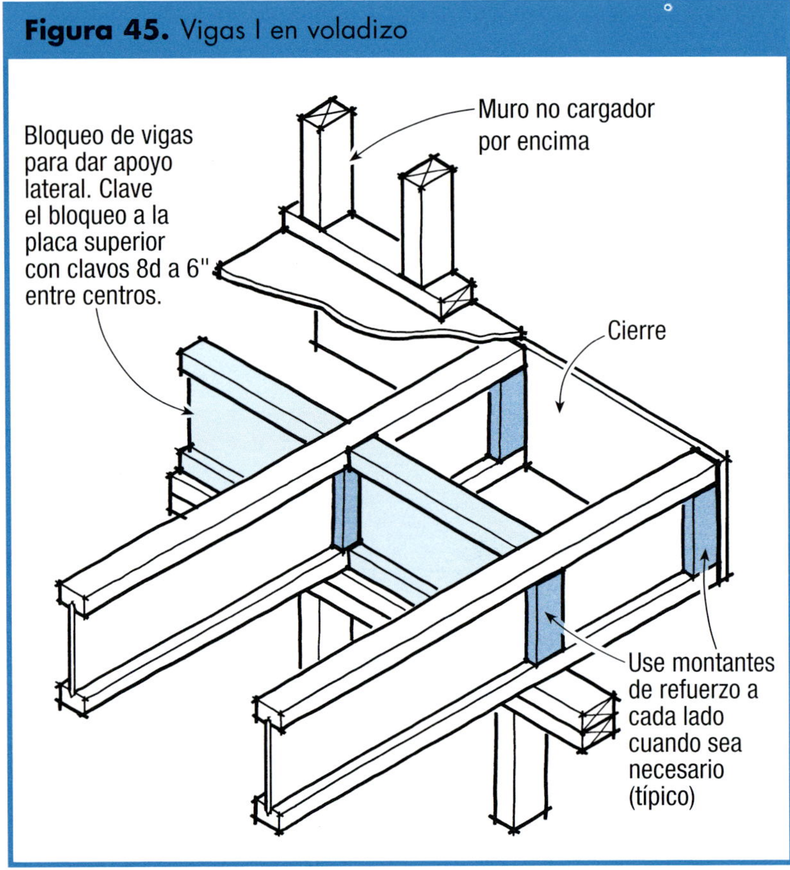

En general los fabricantes permiten tener voladizos que no sean cargadores hasta un tercio del largo del tramo de la viga (hasta un máximo de 4 pies). Los voladizos cargadores se permiten hasta de 2 pies. Sin embargo deben seguirse estrictamente las directrices de bloqueo y refuerzo de los fabricantes.

VIGAS I EN VOLADIZO (CANTILEVER)

Existen varias maneras de armar los voladizos con vigas I. La mayoría de los fabricantes permiten tener voladizos que no sean cargadores hasta un tercio del largo del tramo de la viga (hasta un máximo de 4 pies). Los voladizos cargadores pueden ser hasta de 2 pies de largo. Ya que un voladizo puede fácilmente sobreestresar a una viga I que no esté reforzada, es importante apegarse a las directrices del fabricante para los tramos permisibles y el bloqueo requerido. La **Figura 45** muestra algunos detalles de muestra.

ESTRUCTURALMENTE, UNA AMADURA DE ALMA ABIERTA SE PARECE A una viga I en que coloca la mayoría de su material a lo largo de los bordes superior e inferior en donde los esfuerzos son mayores. Para reforzar una armadura, el fabricante puede instalar cuerdas superiores e inferiores dobles, hacer armaduras de vigas maestras colocadas de lado a lado, usar placas grandes de armadura o usar alguna combinación de estas técnicas.

Precaución: Placas sueltas
Las placas conectoras deben estar centradas sobre la unión e incrustadas con firmeza en la madera. Nunca vuelva a sujetar una placa suelta: La unión no puede restaurarse una vez que se rompe.

TIPOS DE ARMADURA

Las armaduras de piso pueden diseñarse para apoyarse en su cordón inferior o en su cordón superior (**Figura 46**).

Vigas I en voladizo

MANEJO DE ARMADURAS

Cuando se recibe un cargamento de armaduras, rechace las que tengan rajaduras excesivas en los cordones o en los puntales, las que tengan nudos cerca de las placas de metal o aquéllos con placas sueltas o deformes. También rechace cualquiera que muestre señales de haber sido dañada y reparada. Esté atento a la madera pandeada o húmeda, lo cual puede crear esfuerzos peligrosos al encogerse y secarse.

Manejo de armaduras

Figura 46. Tipos de armaduras

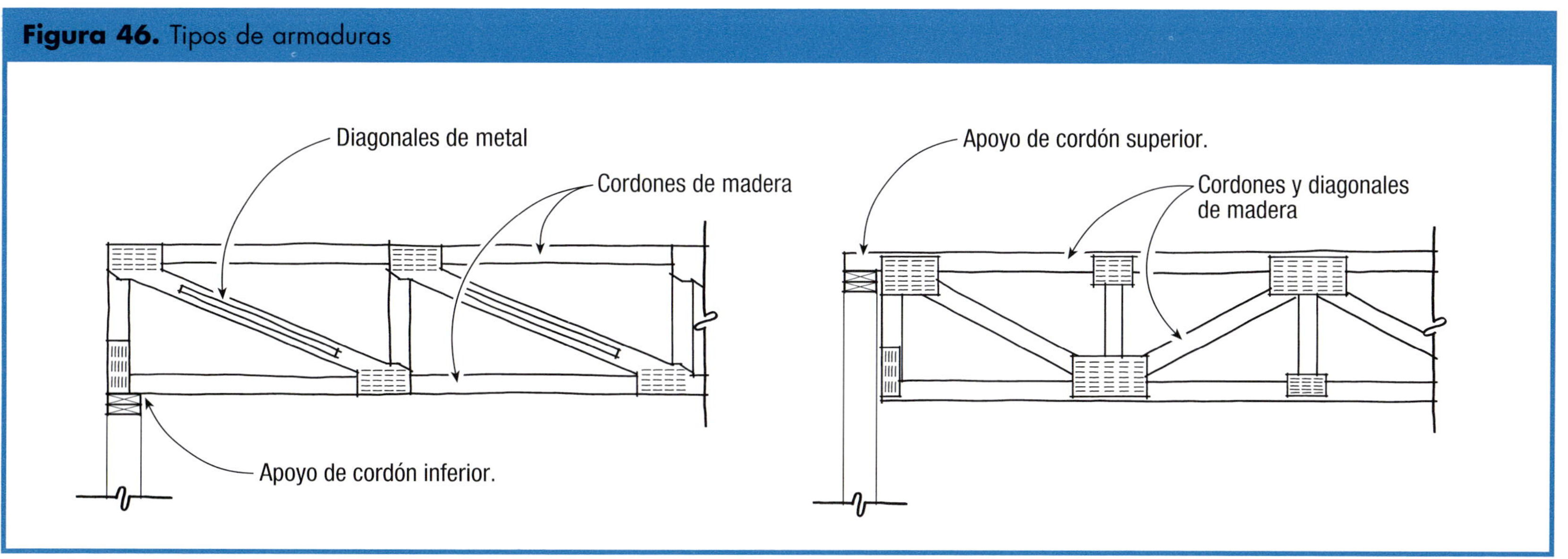

Las armaduras de piso por lo general tienen diagonales de madera o de metal. ***Las armaduras con apoyo de cordones inferiores*** *(izquierda) se asientan encima de la placa de pared o el larguero como una viga estándar de piso.* ***Las armaduras de apoyo de cordón superior*** *(a la derecha) se cuelgan de la placa superior.*

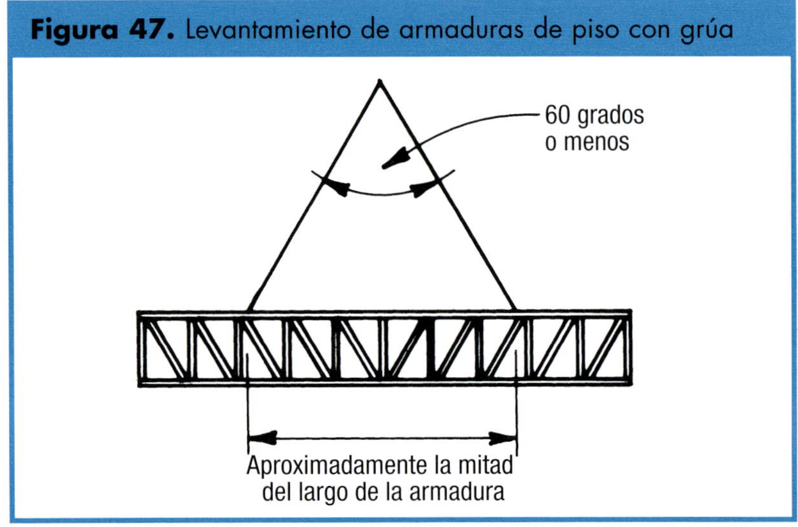

Figura 47. Levantamiento de armaduras de piso con grúa

Cuando se levantan armaduras de piso con una grúa, siempre levántelas por dos puntos y nunca las levante por un lado, ya que esto puede aflojar las placas conectoras.

Levantamiento con una grúa

Si usa una grúa, siempre levántelas de dos puntos (**Figura** 47) y nunca levante la armadura de lado; la flexión excesiva puede aflojar las placas conectoras, causando que fallen más adelante.

INSTALACIÓN DE ARMADURAS DE PISO

Las armaduras de piso generalmente están espaciadas 24 pulg entre centros, y generalmente se levantan a mano, se ruedan a su lugar, se sujetan y se apuntalan.

Con el lado correcto hacia arriba

Es crucial que se instale cada armadura con el lado correcto hacia arriba, de acuerdo a la etiqueta adherida a la armadura. Cada miembro de alma está diseñado para estar comprimido o tensionado, pero no ambos.

Apoyo en el centro de la viga maestra

Una armadura con apoyo de cordón inferior que cruza una viga maestra o un muro cargador puede diseñarse para funcionar

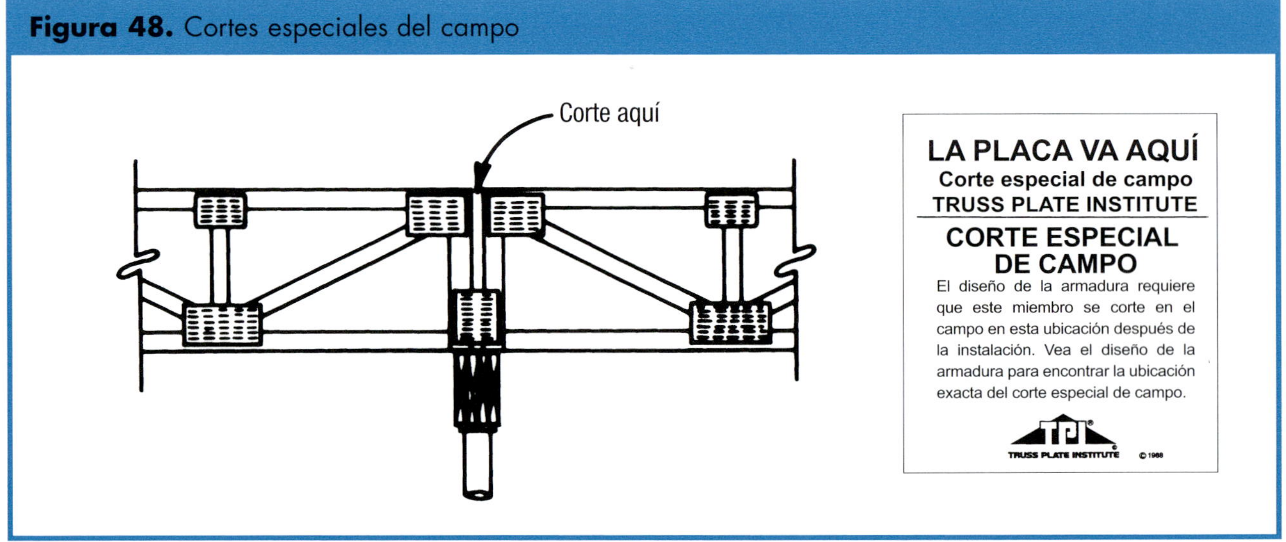

Figura 48. Cortes especiales del campo

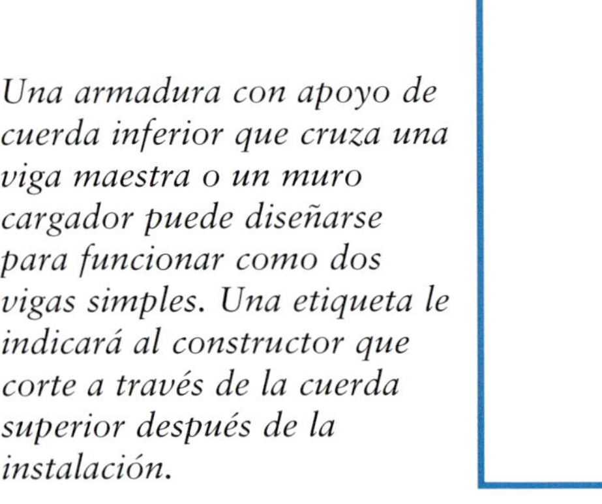

Una armadura con apoyo de cuerda inferior que cruza una viga maestra o un muro cargador puede diseñarse para funcionar como dos vigas simples. Una etiqueta le indicará al constructor que corte a través de la cuerda superior después de la instalación.

como dos vigas simples. En este caso, una etiqueta sujeta a la armadura indicará que el cordón superior debe cortarse después de la instalación (**Figura 48**). Sin este corte, las cargas aplicadas a un extremo de la armadura se irán al otro, creando una acción de vaivén.

Aberturas de la caja de la escalera

Las armaduras de las vigas maestras están diseñadas para apoyar varias armaduras de piso estándar. Éstas se usan con frecuencia alrededor de las aberturas de las cajas de la escalera (**Figura 49**).

APUNTALAMIENTO DE ARMADURAS DE PISO

Instalación y apuntalamiento de amaduras de piso

El apuntalamiento evita que las armaduras se doblen, tuerzan o deformen de alguna manera. En las armaduras con apoyo de cordón inferior, los extremos están atados juntos con la traviesa de andamio de 2x4 que sirve también como base de clavado para el perímetro de la terraza de madera laminada (**Figura 50**). Por debajo, los largueros de 2x6 colocados de borde deben recorrer continuamente a través de las almas de todas las armaduras a intervalos de 10 pies (un recorrido para una armadura de 20 pies, dos recorridos para armaduras más

Figura 49. Aberturas de la caja de la escalera

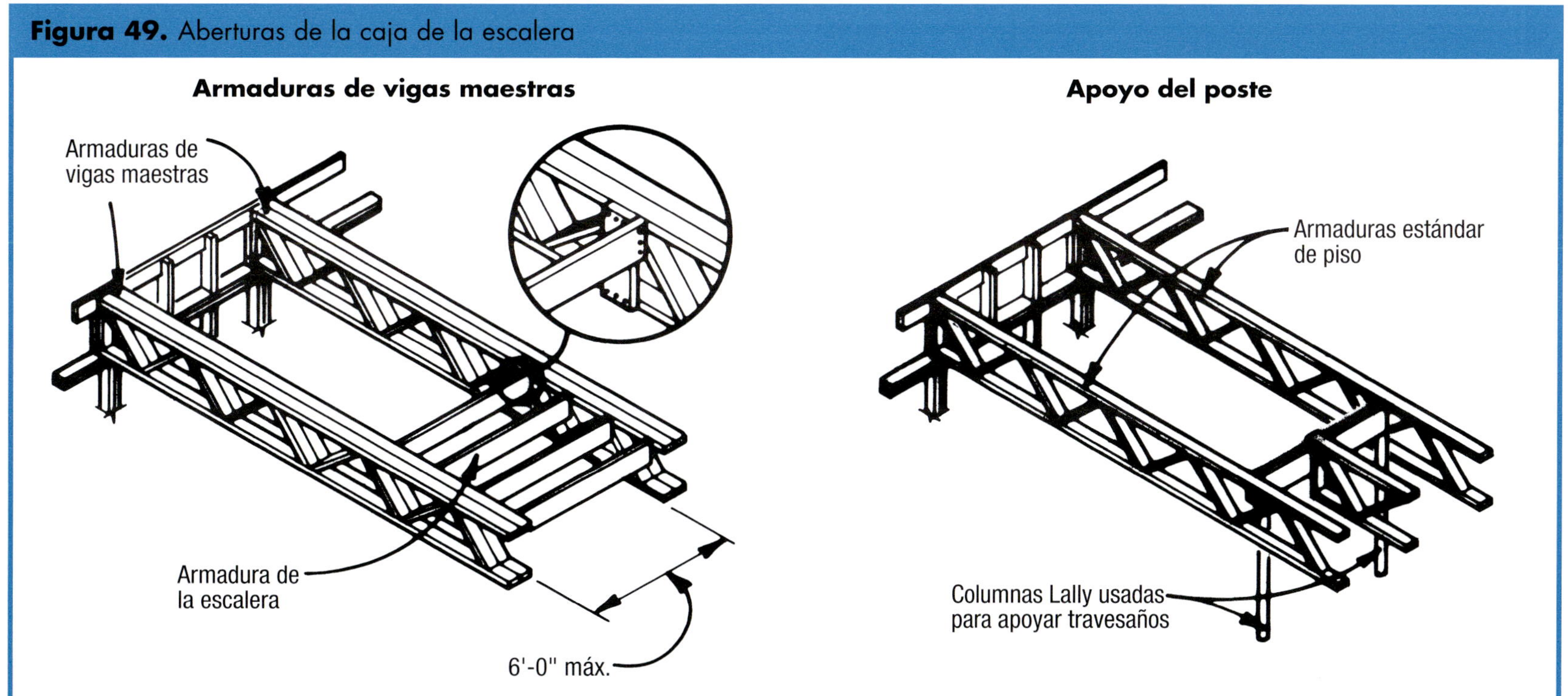

Las armaduras de las vigas maestras de doble ancho están diseñadas para servir de apoyo a varias armaduras de piso estándar. Éstas se usan con frecuencia alrededor de las aberturas de las cajas de la escalera (izquierda). Otra opción es apoyar los travesaños de la caja de la escalera en postes o columnas Lally (derecha).

largas). El 2x6 sirve para la misma finalidad que un apuntalamiento en pisos estándar, distribuyendo las cargas concentradas sobre un área más amplia.

DETENCIÓN DE INCENDIOS EN LAS ARMADURAS DE PISO

Las armaduras que se apoyan en el cordón superior interrumpen la detención de incendios que ordinariamente proporciona la placa superior. La solución común es extender el tablero de yeso pasando las armaduras hasta la placa superior, o insertar un contra incendios de 2x4 dentro de cada claro de montante inmediatamente debajo del cordón inferior de la armadura (**Figura 51**). Consulte los códigos locales para encontrar los requisitos de su zona.

Figura 50. Apuntalamiento de armaduras con apoyo de cordón inferior

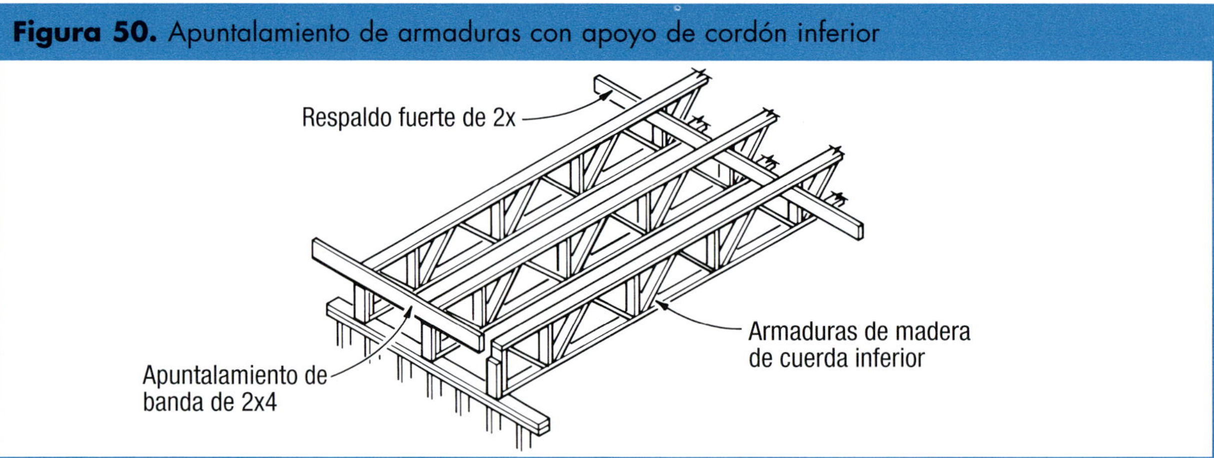

Los extremos de las armaduras con apoyo de cordón inferior están diseñados para estar atados con la traviesa de andamio de 2x4 que sirve también como base de clavado para el perímetro de la terraza de madera laminada. Además, instale respaldos fuertes horizontales de 2x6 a intervalos de 10 pies para distribuir cargas y prevenir el torcimiento, lo cual puede aflojar las placas de las armaduras.

Figura 51. Contrafuegos para las armaduras de alma abierta

Placa superior
El tablero de yeso se extiende a la placa superior y sirve como contrafuego
Placa superior
Bloqueo contra incendios instalado en cada claro de montantes

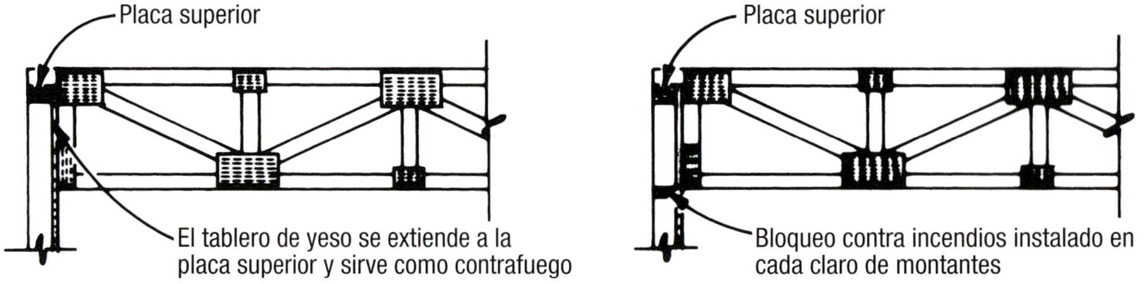

Muchos códigos requieren contrafuegos con las armaduras de alma abierta en las intersecciones de espacios de pared y techo. Las técnicas incluyen extender el muro de tablero de yeso para sobresalir de la armadura a la placa superior (diagrama más cercano a la derecha), o instalar un contrafuego de 2x4 dentro de cada espacio de montante justo debajo del cordón inferior de la armadura (diagrama más alejado a la derecha).

ESPACIAMIENTO DE LOS MONTANTES

El espaciamiento máximo para los montantes estándar o de mejor grado se muestra en la **Figura 52**. Los montantes 2x4 de menor grado no pueden sobrepasar 16 pulg entre centros.

PLACAS SUPERIORES

La mayoría de los códigos modelo requieren que los muros cargadores tengan placas superiores dobles montadas de manera que los empalmes estén por lo menos a 4 pies de separación. Se requieren dos clavos 16d en cada lado del empalme y clavos adicionales cada 24 pulg en el área de traslape (**Figura 53**). Vea los programas de clavado (**Figura 16, páginas 14-15**) para encontrar los requisitos de clavos neumáticos.

Placas superiores dobles contra sencillas

Las placas superiores sencillas se consideran mucho más débiles que las placas superiores dobles tradicionales. Sin embargo, muchos códigos permiten las placas superiores sencillas siempre que estén unidas en los empalmes, las esquinas y las paredes de intersección con placas de acero galvanizado de .036 pulg de grosor, que midan 3x6 pulg. Las placas deben estar sujetas con seis clavos 8d en cada lado (seis clavos para ICBO).

Figura 52. Espaciamiento máximo de montantes (pulg)

Tamaño del montante	Apoyo de techo y cielo raso solamente	Apoyo de un piso, techo y cielo raso solamente	Apoyo de dos pisos techo y cielo raso solamente
2x4	24*	16	—
2x6	24	24	16

* Debe reducirse a 16 pulg si se usan montantes de grado utilitario.
Adaptado de la Tabla R-602.3(5) de IRC

Cuando se usen placas superiores sencillas, ni los cabios ni las vigas deben estar desplazados de los montantes más de $1^{1}/_{2}$ pulg (**Figura 54**).

Longitudes y espaciamiento de montantes

Placas superiores dobles contra sencillas

LONGITUDES MÁXIMAS DE LOS MONTANTES

Los montantes que se usen en muros cargadores exteriores, sean de 2x4 ó 2x6, no deben ser de más de 10 pies de altura si no están procesados.

Las soluciones proyectadas incluyen la reducción del espaciamiento de los montantes, el uso de montantes más

Figura 53. Empalme de las placas superiores en los muros cargadores

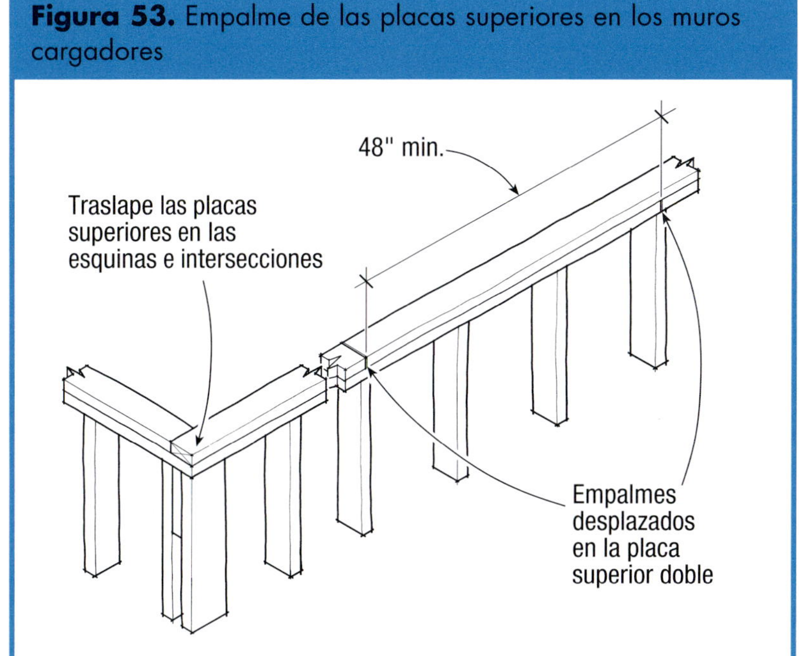

Las placas superiores dobles deben traslaparse en las esquinas e intersecciones y las juntas deben estar en zigzag por lo menos 48 pulg con por lo menos cuatro clavos 16d a través del traslape.

Figura 54. Placa superior doble contra sencilla

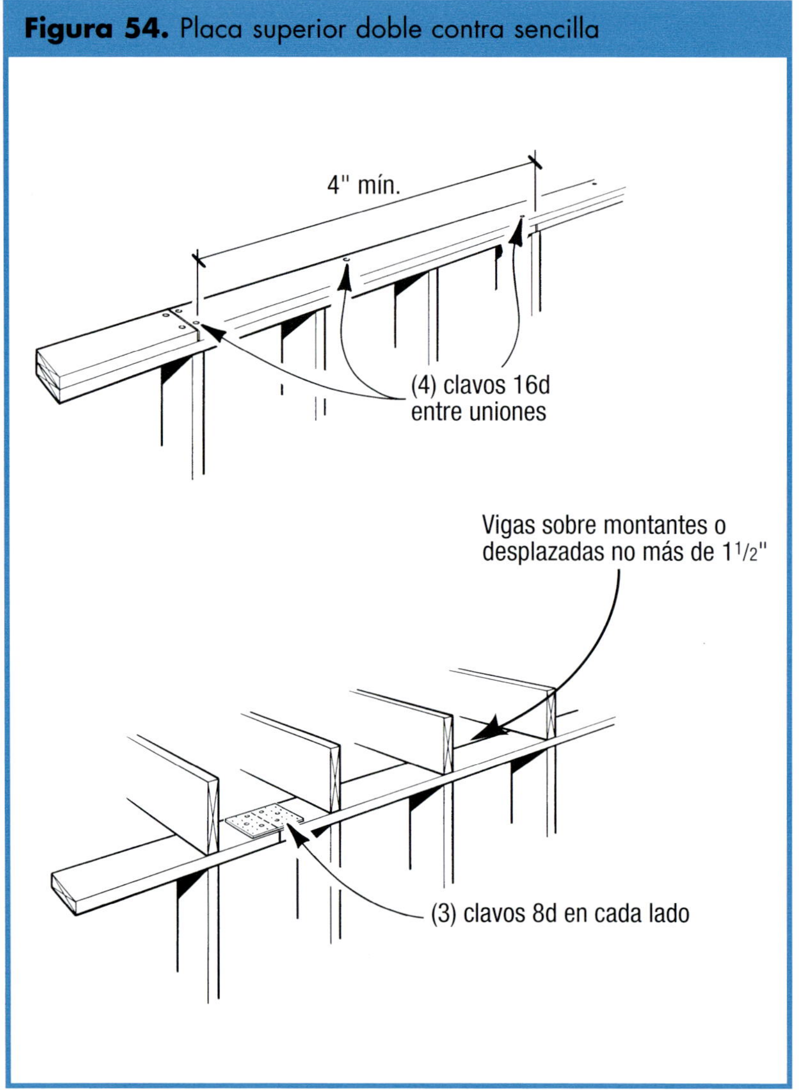

Aunque los códigos de algunos modelos permiten una sola placa superior con conectores de acero y vigas alineadas sobre montantes, la placa superior doble tradicional produce una pared más fuerte.

anchos, usar montantes dobles y el uso de montantes hechos de madera.

MUESCAS Y PERFORACIÓN DE MONTANTES Y PLACAS

Montantes

Cuando se hacen muescas o se taladra un montante con menos de 10 pies de altura, siga las directrices mostradas en la **Figura 55**. Nunca haga cortes ni orificios a través de uno a otro en la misma sección del montante. Para los montantes con más de 10 pies de altura, siga las directrices mostradas en la **Figura 9, página 9**.

Placas

Si más del 50% del ancho de la placa superior tiene muescas o ha sido taladrado, entonces el borde de la placa debe ser

Figura 55. Muescas y perforaciones de montantes regulares

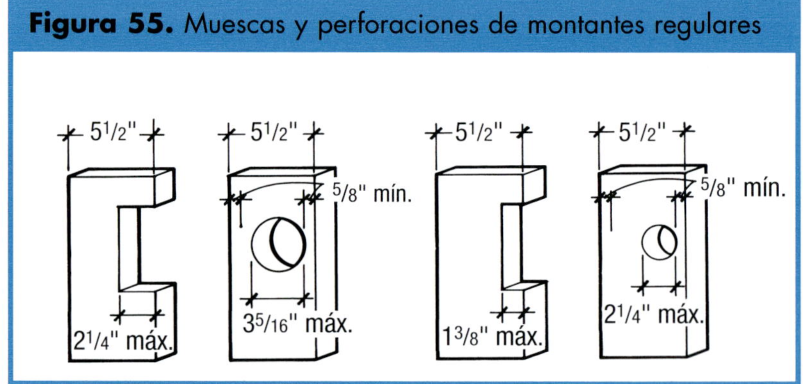

Las muescas en los montantes cargadores menores de 10 pies de altura no deben exceder 25% de la profundidad del montante y no deben realizarse en el tercio central del montante. Los orificios perforados no deben exceder 40% de la profundidad del montante y deben estar por lo menos a 5/8 pulg del borde. Vea la ***Figura 8, página*** *7 para hacer muescas y perforaciones en montantes mayores de 10 pies de altura.*

reforzada con una placa de acero calibre 24 que abarque la distancia entre los montantes contiguos (**Figura 31, página 118**).

MONTANTES DE ESQUINA

En esquinas de tres montantes, los constructores con frecuencia reemplazan el montante intermedio con espaciadores de madera. Aunque eso es aceptable en la mayoría de los casos, la esquina de tres montantes es más que un área para clavar entablado o tableros de yeso — también debe transferir las cargas cortantes entre las paredes contiguas (**Figura 56**). Por esta razón, no omita el tercer montante en donde es crítica la resistencia cortante.

APUNTALAMIENTO DE LA PARED

En la mayoría de las construcciones residenciales, los paneles de entablado de madera laminada o OSB se usan como apuntalamiento lateral y están clavados a 6 pulg entre centros en los bordes y a 12 pulg entre centros en el campo. Esto proporciona una excelente resistencia contra la deformación transversal. Los valores de apuntalamiento de la madera laminada pueden mejorarse usando clavos más grandes o espaciando los clavos más cerca entre sí.

Apuntalamiento con entablado de espuma

Cuando se usa entablado no estructural como las tablas de espuma, instale el apuntalamiento en las esquinas del edificio para proporcionar resistencia contra la deformación transversal. Este entablado puede consistir de hojas 1x4s diagonales u hojas verticales de madera laminada o de OSB (**Figura 57**).

Muescas y perforación de montantes y placas

Montantes de esquina

Apuntalamiento de la pared

Figura 56. Entramado de esquinas

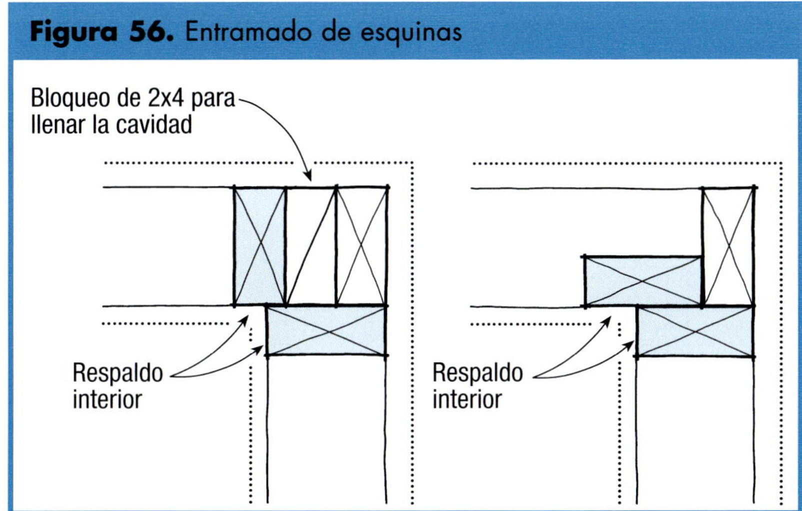

Una esquina de tres montantes "California" (derecha) usa menos madera y puede aislarse mejor que una esquina armada de manera tradicional. Nunca reemplace el tercer montante de una esquina de tres montantes con bloques; no solo es un área clavadora para el tablero de yeso, sino que también ofrece una resistencia crítica al corte.

Figura 57. Apuntalamiento mínimo de código

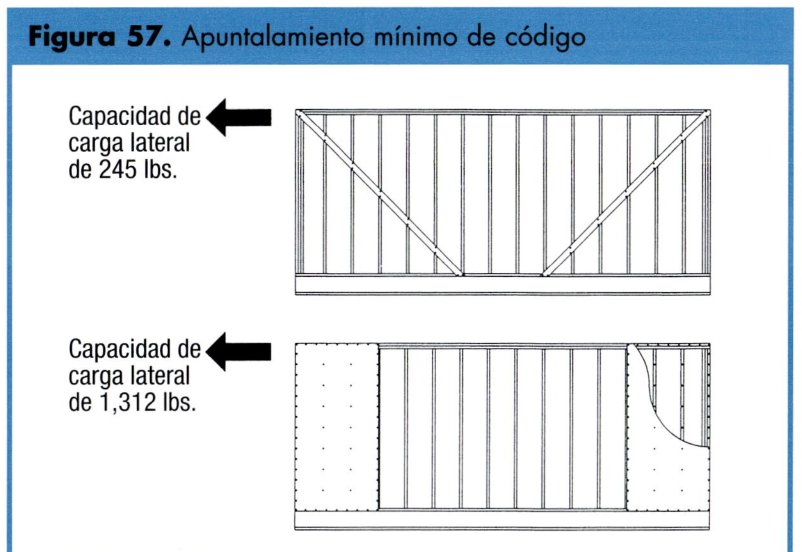

Las tablas de espuma no proveen la resistencia transversal adecuada. Sin embargo un par de puntales de madera laminada de 7/16 pulg en cada extremo de la pared le proporcionará más de cinco veces la resistencia de 1x4s. La madera laminada debe clavarse con clavos comunes 6d a 6 pulg entre centros en los bordes y a 12 pulg en el campo.

Figura 58. Opciones de travesaños

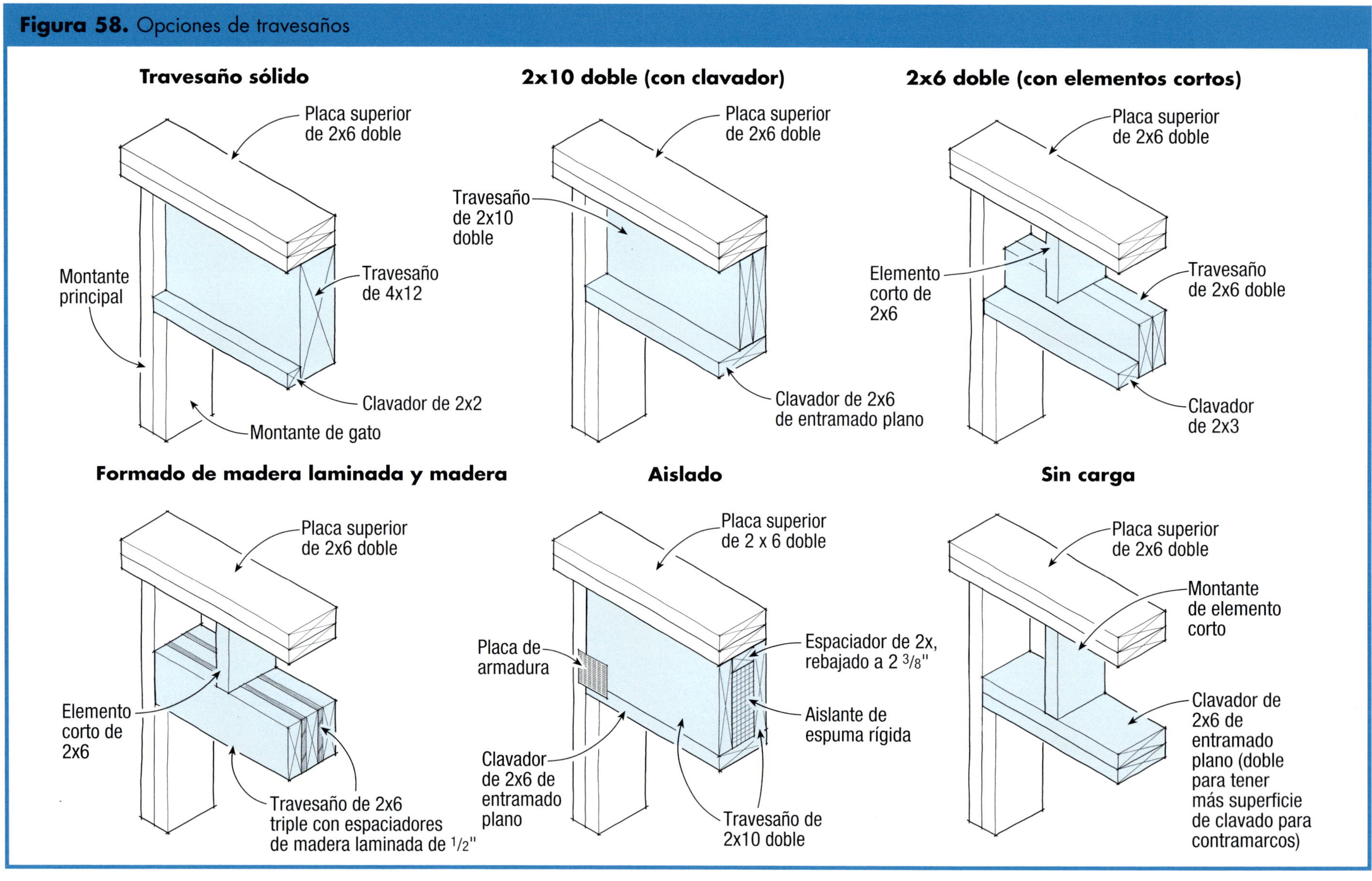

Usar elementos cortos encima del travesaño permite tener madera de dimensiones más pequeñas (dependiendo de los requisitos de tramo), pero esta opción es más laboriosa. Para evitar elementos cortos, use 4x12 ó 2x12, o llegue a la misma profundidad usando 2x10 con un miembro de entramado plano añadido.

Apuntalamiento diagonal. El apuntalamiento diagonal está típicamente enmuescado en las placas superior e inferior y todos los montantes que intervengan, y clavados con dos clavos de 8d en cada montante. Use madera laminada de 3/4 pulg en lugar de 1x4s para puntales.

Apuntalamiento de metal

Dependiendo del código, los puntales de metal en forma T podrían usarse algunas veces en lugar de puntales de madera — típicamente sólo como apuntalamiento temporal durante la construcción.

Apuntalamiento contravientos

En áreas propensas a terremotos o vientos intensos, ponga atención especial al clavado del entablado de paredes y techos, así como a las conexiones de entramado vertical que unen estructuralmente al edificio desde la cimentación hasta el techo. Consulte los códigos locales para encontrar los requisitos de clavado (también vea "Muros cortantes" en la **página 69**).

TRAVESAÑOS

Los travesaños de ventanas y puertas pueden ser armados de varias maneras diferentes, dependiendo de la madera disponible y los requisitos de aislamiento, según se muestra en la **Figura 58.**

Altura del travesaño

Coloque los travesaños a la altura de la abertura burda de la puerta. Para una puerta estándar previamente colgada, la altura del travesaño necesita estar por lo menos a 6 pies 10 pulg (**Figura 59**).

Coloque los travesaños de las ventanas a la misma altura que las puertas de manera que todas las aberturas estén alineadas.

Travesaños de vigas de reborde. En una casa de dos pisos, las alturas de las aberturas burdas pueden subirse duplicando la viga de reborde, creando una viga maestra para cumplir con los requisitos estructurales para el tramo (vea las tablas de tramos, en **las páginas 93-98**).

Opciónes para travesaños

Figura 59. Altura del travesaño

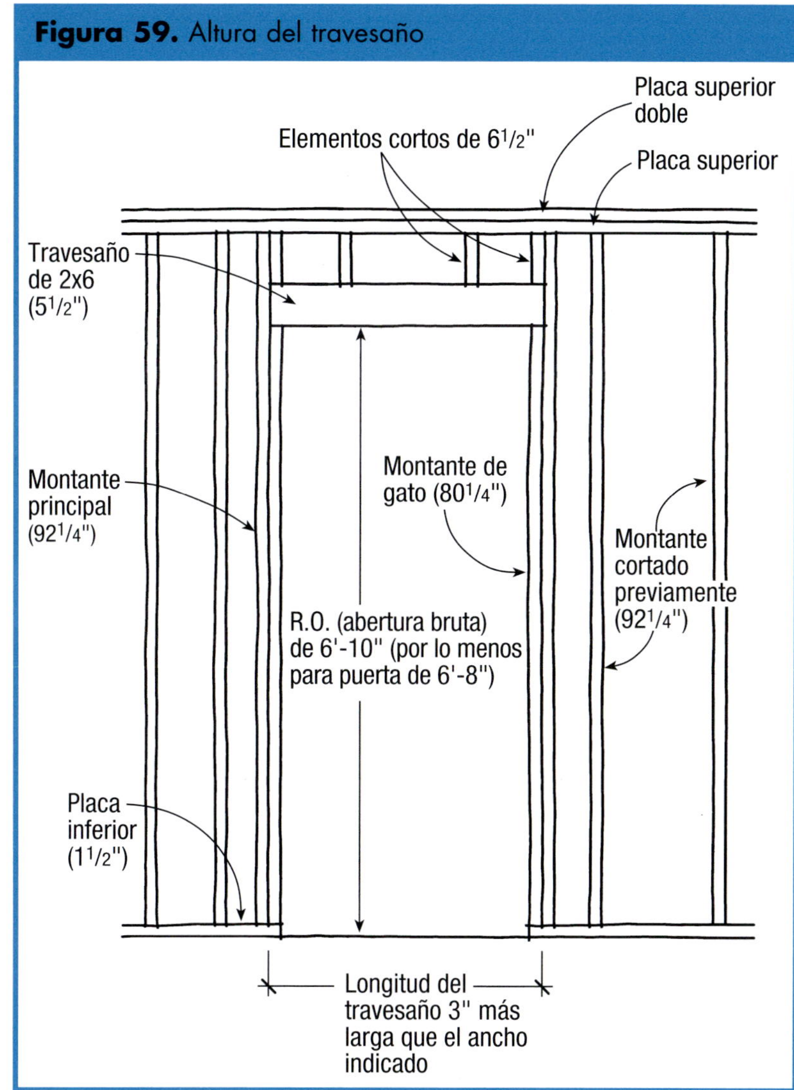

Con las puertas previamente colgadas y los montantes previamente cortados de 92 1/4", use montantes cortos estándar de 80 1/2". (Si usara montantes previamente cortados de 92 5/8", alargue el montante de gato a 81 1/8")

Tamaño de los travesaños

Las aberturas burdas en los muros cargadores requieren travesaños que estén apoyados a cada extremo por montantes de gato (cabios). Los tamaños de travesaño para varias configuraciones de casa y el número de montantes de gato que se requieren en cada extremo se muestran en las **Figuras 60 hasta 65, páginas 93-98.**

Travesaños de ventana de esquina

Una ventana de esquina requiere un travesaño en voladizo. La **Figura 66** muestra los detalles básicos de construcción para dichos travesaños en voladizo. Para cumplir las condiciones de carga real, un ingeniero debe especificar las dimensiones del travesaño y el criterio de conexión.

Figura 66. Travesaños en voladizo

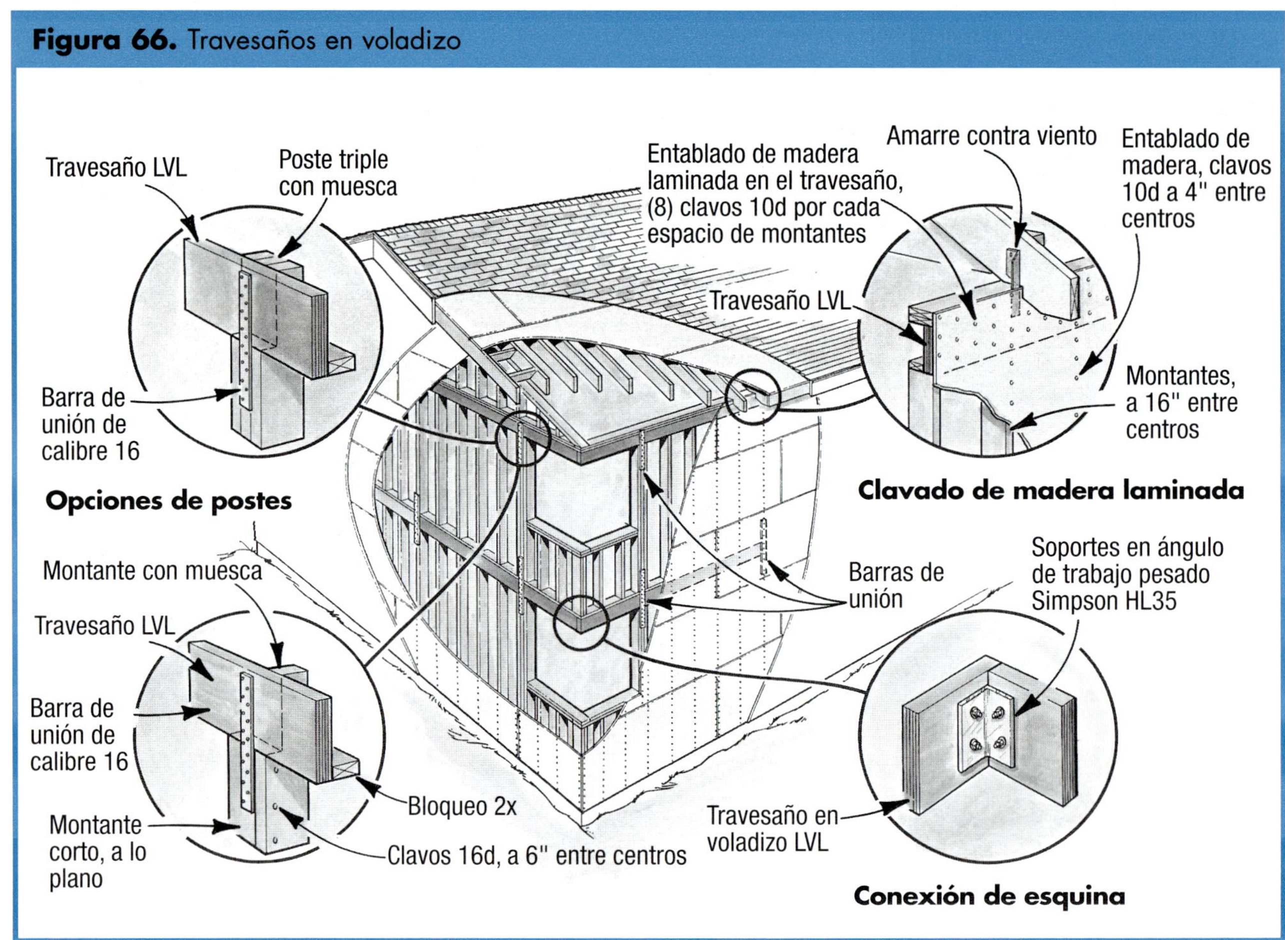

Travesaños LVL, anclados de manera segura al entramado de la pared con barras de unión y mediante entablado clavado, están en voladizo por encima de la abertura de la ventana. En una estructura de dos pisos, el travesaño más bajo podría construirse como la viga de reborde.

Incluso con el tamaño correcto de travesaño, puede ocurrir alguna deflexión. No clave la ventana directamente al travesaño. Los fabricantes de ventanas de esquina proveen sujetadores de instalación de metal para aislar las ventanas de la abertura bruta. Estos sujetadores deben instalarse usando una barra de apoyo de espuma entre la traba del travesaño y la abertura burda. Asegure el remate al batiente con el mínimo número de clavos de calibre liviano.

Ventanas de esquina

DETALLES DE CONTRAFUEGOS PARA PAREDES

En general, los códigos de construcción residencial piden contrafuegos en las siguientes ubicaciones (**Figura 67**):

Figura 67. Detalles del contrafuegos

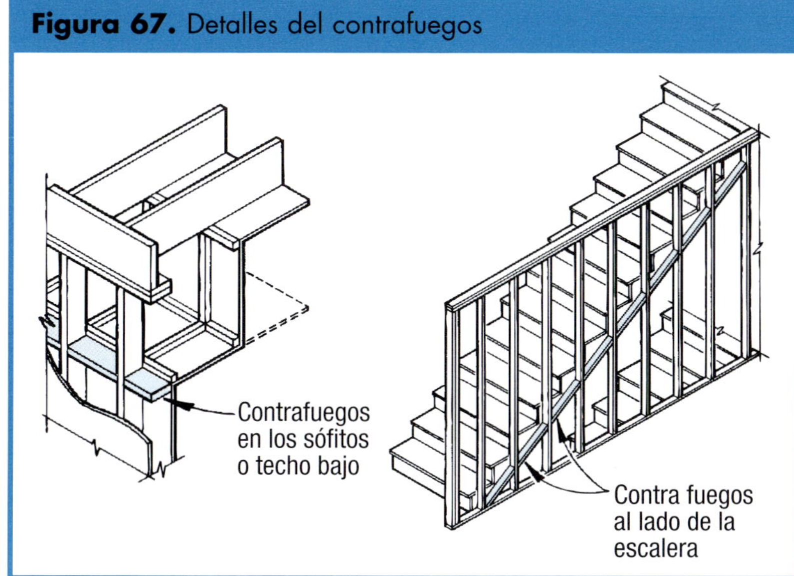

Se requiere contrafuegosde material aprobado entre pisos y en donde se intersectan los espacios verticales y horizontales ocultos. Las paredes de las escaleras y cualquier pared o división más alta de 10 pies también necesitan contrafuegos.

Contrafuegos para paredes

- En paredes de montantes y divisiones en cada piso y nivel de techo, incluyendo los espacios enrasillados;
- A cada 10 pies de la dimensión vertical en las paredes altas o divisorias;
- En todas las intersecciones entre los espacios escondidos verticales y horizontales, como en plafones, techos cóncavos y techos caídos;
- En los espacios de montantes a lo largo del lado de las vigas longitudinales de las escaleras;
- En aberturas alrededor de tuberías, ductos, tiros de chimenea y chimeneas al nivel de piso y techo.

Materiales contrafuegos

Los materiales contrafuegos aprobados por los códigos incluyen madera de 2 pulg de grosor nominal, capas dobles de madera laminada de 3/4 pulg o tabla prensada (con las uniones apoyadas por el mismo material), tablero de yeso de 1/2 pulg y tabla de cemento de 1/2 pulg. Pueden usarse bloques de fibra de vidrio como contrafuegos bajo IRC R602.8.1.1 siempre que los bloques llenen cuando menos 16 pulg del espacio vertical de la cavidad del montante.

Aberturas irregulares

Todos los contrafuegos deben cortarse para que queden ajustados. Los espacios de más de 1/8 pulg reducirán la habilidad del material para detener incendios. Para las aberturas de forma irregular, use un compuesto contra incendios "intumescente". Debido a que estos productos se expanden cuando se calientan, llenarán el espacio libre que deja la tubería de plástico o el aislante de cables que se derrite.

CARGAS DE LOS CABIOS

Las cargas de los cabios residenciales por lo general incluyen nieve y viento (las cargas vivas más comunes), materiales de techo y materiales de acabado interior (cargas muertas).

Las condiciones de cargas vivas para los techos pueden variar ampliamente con las cargas de nieve y viento. Asegúrese de consultar los códigos locales para encontrar los requisitos de diseño estructural de su localidad.

Para obtener los cálculos precisos de carga muerta, consulte los pesos de materiales que se muestran en la **Figura 22, en la página 19**.

Figura 68. Tramo de cabio

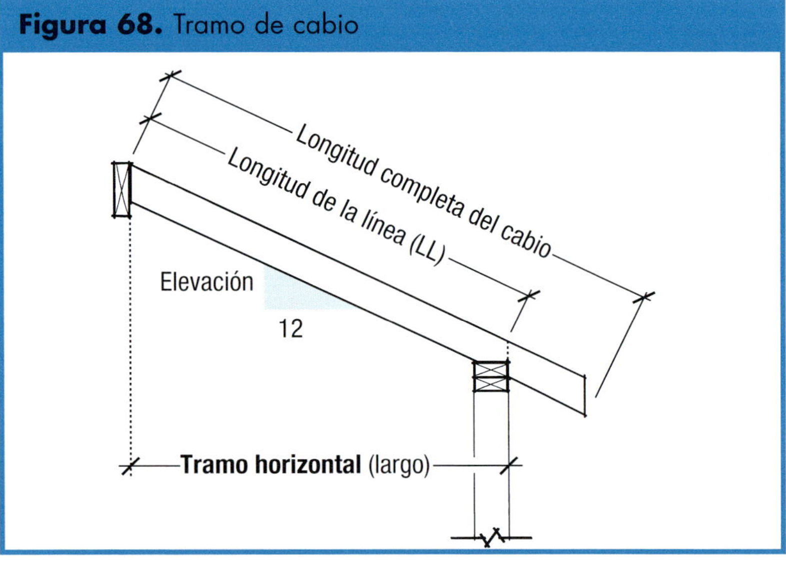

*Las tablas de tramos de cabios ofrecen la distancia horizontal del cabio. Ésta debe multiplicarse por el índice del largo de la línea (**Figura 3, página 3**) para calcular el largo de la línea (distancia en inclinación). La longitud para los cortes a plomo y voladizo debe añadirse para hallar el largo completo del cabio. Nota: Los tramos de cabios de las tablas de tramos (**páginas 99-112**) se han recortado por el grosor de la cumbrera.*

TRAMOS COMUNES DE LOS CABIOS

El tramo de los cabios es la distancia horizontal desde el apoyo en la cumbrera hasta el apoyo en la placa superior (**Figura 68**).

Para convertir el tramo de cabio (distancia horizontal) a longitud de cabio (distancia con pendiente), use los factores de conversión de la **Figura 3, página 3**.

Los tramos de cabio máximos para las especies de madera común se proporcionan en las **Figuras 69 a 82, en las páginas 99-112**.

CABIOS DE LIMA TESA Y LIMA HOYA

Aunque los cabios de lima tesa y de lima hoya soportan cargas importantes, con frecuencia son de tamaño más pequeño del adecuado. Para permitir un apoyo completo, los cabios de lima tesa y de lima hoya deben ser por lo menos un tamaño más grande que los comunes y los cortos.

Tamaño de los cabios de lima tesa y lima hoya

Las cargas de los cabios de lima tesa y de lima hoya son *cargas tributarias* transferidas de una amplia área del techo (**Figura 83**). La tabla de tamaños de cabios de lima tesa y de lima hoya (**Figura 84, página 46**) toman en cuenta dichas cargas tributarias.

Apoyo de ápice

Además de elegir el tamaño correcto de cabio de lima tesa o de lima hoya, es necesario sostener adecuadamente la carga de punto en el extremo alto (cumbrera) del cabio de lima tesa o de lima hoya. Típicamente, los cabios comunes amarrados por las vigas de techo o los amarres de collar sostienen esta carga. Los techos altos de catedral deben estar proyectados para proporcionar el apoyo adecuado. Esto puede incluir las barras de tensión a lo largo de las placas de pared o las conexiones de placas reforzadas para los cabios de lima tesa y los cabios de lima hoya (**Figura 85, página 47**).

Figura 2-83. Cálculo de cargas tributarias (W) en los cabios de lima tesa y lima hoya

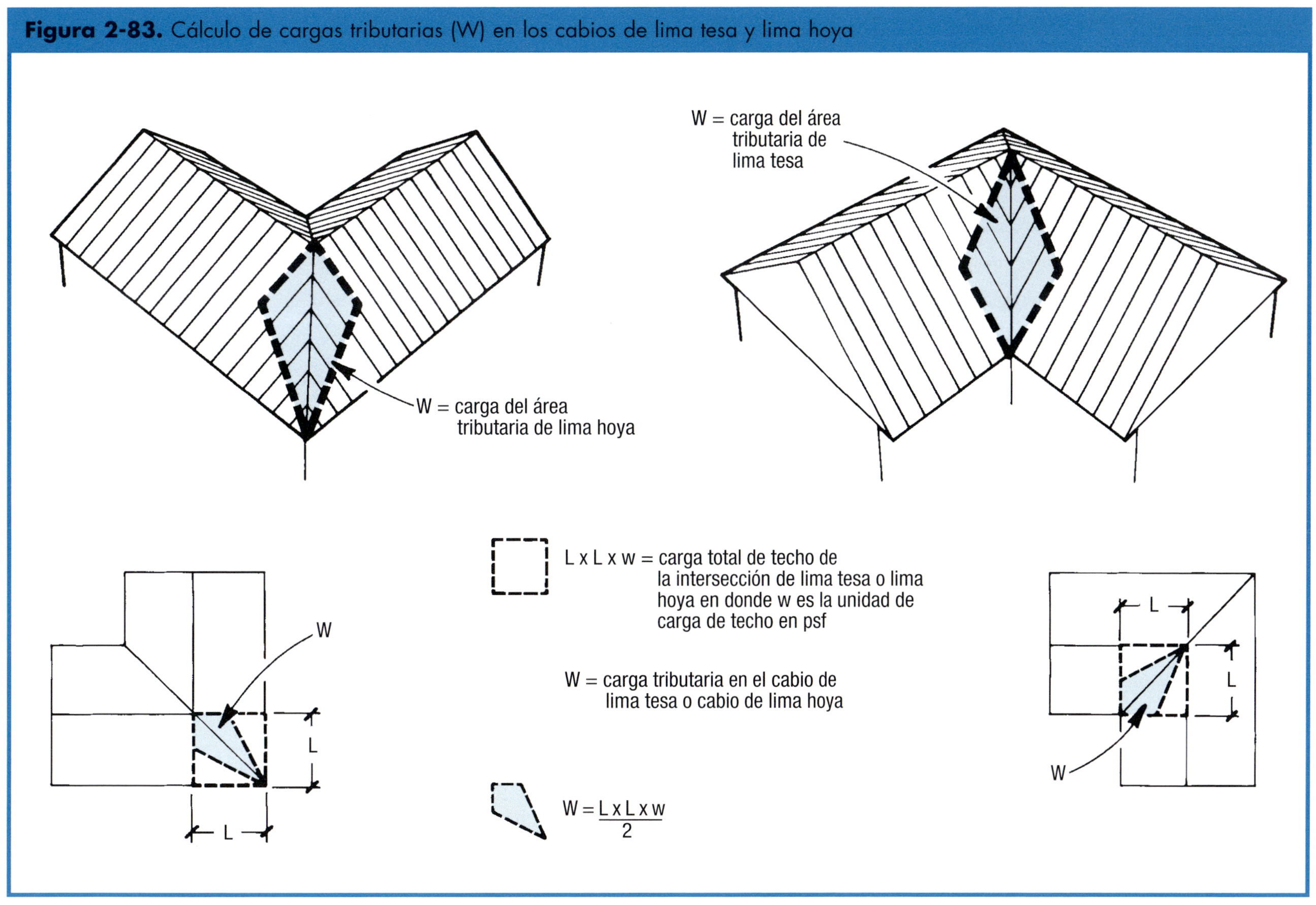

Cargas de los cabios

Tamaño de los cabios de lima tesa y lima hoya

Un cabio de lima tesa o de lima hoya asume la mitad de la carga de todos los cabios cortos que llegan a él, su carga tributaria. Vista en plano, esta carga tributaria tiene forma de cometa. Note que en el área tributaria de lima tesa es más ancha en la parte superior y que el área tributaria de lima hoya es más ancha en la parte inferior.

Figura 84. Tabla de tamaño de cabios de lima tesa y lima hoya

L en pies	15 psf carga viva	30 psf carga viva	45 psf carga viva	60 psf carga viva
4	2x6	2x6	2x6	2x8*
5	2x6	2x6	2x6	2x8
6	2x6	2x8	2x8	2x10
7	2x8	2x10	2x10	2x12
8	2x10	2x12	2x12	(2) 2x12
9	2x10	(2) 2x12	(2) 2x12	(2) 2x12
10	2x12	(2) 2x12	(2) 2x12	LVL 11⅞
11	(2) 2x12	(2) 2x12	LVL 11⅞	LVL 11⅞
12	(2) 2x12	LVL 11⅞	LVL 11⅞	LVL 14
13	(2) 2x12	LVL 11⅞	LVL 14	(2) LVL 14
14	LVL 11⅞	LVL 14	(2) LVL 14	(2) LVL 14
15	LVL 11⅞	LVL 14	(2) LVL 14	(2) LVL 14
16	LVL 11⅞	(2) LVL 14	(2) LVL 14	(2) LVL 16*
17	LVL 14	(2) LVL 14	(2) LVL 16	(2) LVL 16
18	LVL 14	(2) LVL 14	(2) LVL 16	*
19	(2) LVL 14	(2) LVL 16*	*	—
20	(2) LVL 14	(2) LVL 16	—	—

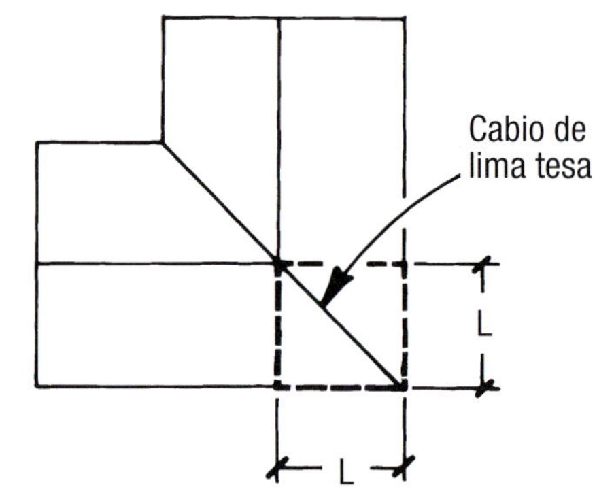

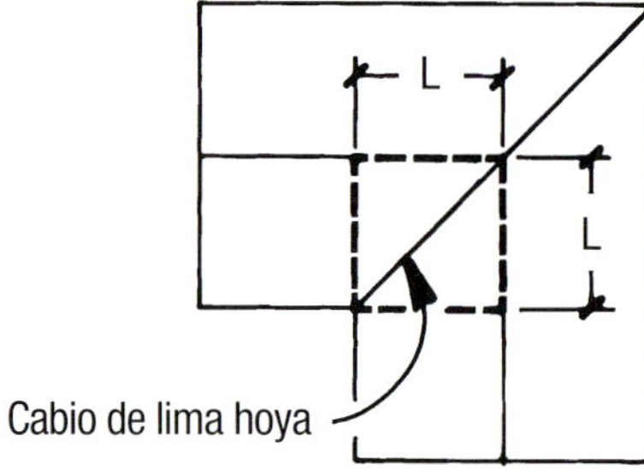

*Deflexión limitada

Nota: Los cálculos de esta tabla están basados en lo siguiente:

10 psf de carga muerta	F_b de madera = 1,000 psi
L/240 de deflexión	E de madera = 1,000,000 psi
Sin ajustes de inclinación	F_b LVL = 2,800 psi
	E LVL = 2,000,000 psi

La tabla anterior resume una serie de cálculos de tamaño para varias cargas de diseño de techos. L representa la longitud del cabio de lima tesa o de lima hoya sólo en intersecciones de igual inclinación.

Figura 85. Apoyo de ápice para limas tesas y limas hoyas en techos tipo catedral.

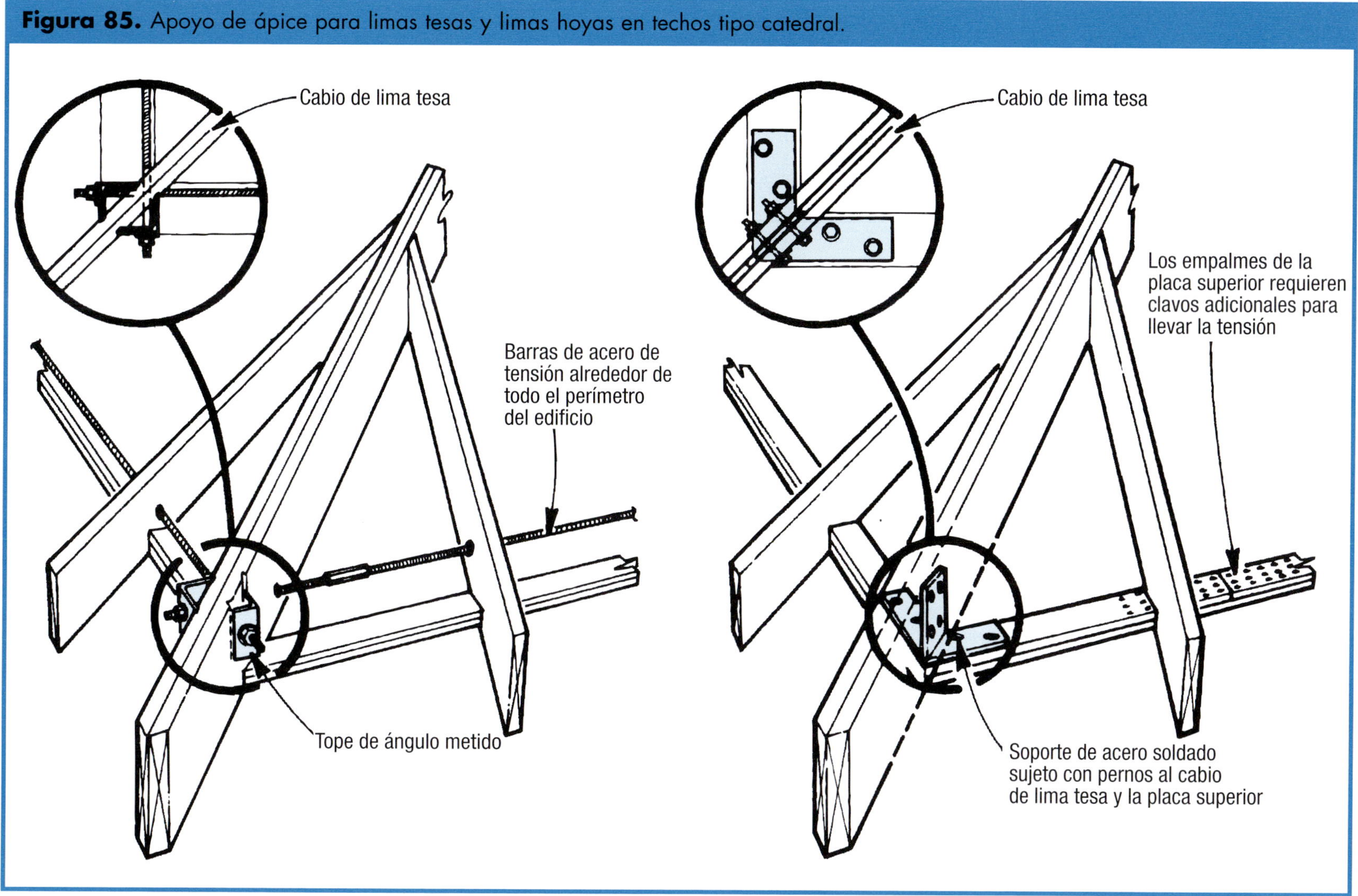

Estructura para limas tesas y limas hoyas

En un techo de lima tesa grande con techos completos tipo catedral, no existen postes de apoyo ni amarras de collar para resistir la separación de los cabios. En dichos casos, instale barras de tensión de acero (izquierda) alrededor del perímetro del edificio para evitar que los extremos inferiores de los cabios de lima tesa se separen. En forma alternativa use soportes de acero para asegurar los cabios de lima tesa a las esquinas, permitiendo que las placas superiores de 2x6 dobles actúen como miembros de tensión (derecha).

Figura 86. Apoyo de cabio

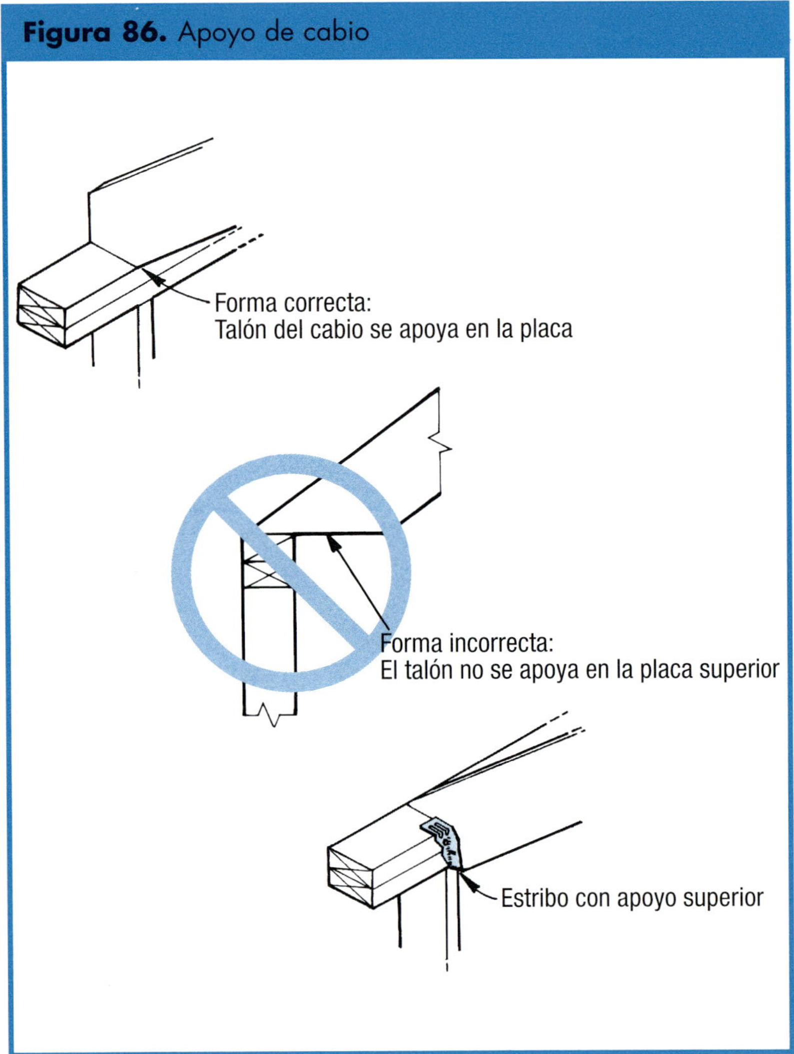

Un cabio debe colocarse sobre la placa superior con el apoyo en el talón (superior), no en la punta (centro). Cuando esto no es posible, debe usarse un estribo con apoyo por arriba (inferior). El estribo también evita que el cabio se gire, algo que normalmente requiere vigas de techo o bloqueo sólido.

APOYO DE CABIOS

Los cabios deben tener apoyo de por lo menos 1 1/2 pulg en la placa o viga superior. El apoyo debe estar en el talón del cabio, no en la punta. El apoyo en la punta coloca la mayoría de la carga en sólo una porción del cabio y puede causar que se raje (**Figura** 86).

Una tabla cumbrera no estructural debe ser por lo menos un tamaño más profunda que los cabios comunes para proporcionar un apoyo completo para el corte de plomada del cabio.

APUNTALAMIENTO ESTRUCTURAL

Los cabios deben estar sujetos para que no separen. Esto puede hacerse mediante las conexiones adecuadas a las vigas del techo, con amarres de collar o con una viga cumbrera estructural.

Conexiones entre cabios y vigas

La conexión entre el techo y la pared en los aleros necesita resistir las fuerzas de levantamiento que causa el viento (y la actividad sísmica en las zonas con terremotos), así como el empuje horizontal causado por las cargas de techo. Las bajas pendientes de los techos, los tramos largos de cabio y las cargas pesadas de nieve aumentan bastante el empuje horizontal.

A menos que el techo tenga una cumbrera estructural, las vigas de techo deben ser continuas a través del edificio y deben sujetarse a las colas del cabio con el número de clavos que se muestra en la **Figura** 87. Si el número de clavos es excesivo para el área de clavado, use pernos o sujetadores estructurales en su lugar.

Un eslabón débil en este sistema es en donde las vigas de techo se unen al centro de un edificio. Esta conexión requiere el mismo programa de clavado que la conexión de un cabio a un amarre de collar (**Figura 16, páginas 14-15**). Cuando las vigas de techo están en el mismo plano, como las vigas con entramado al ras, pueden usarse barras de unión de acero (**Figura** 88).

Figura 87. Lista de clavado y empernado de las conexiones de amarre de los aleros

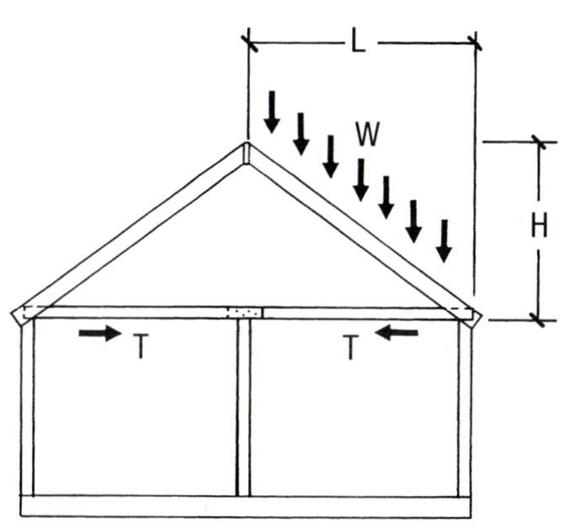

W = L (pies) x espaciamiento de cabios (pies) x carga de diseño del techo (L.L. + D.L. en psf)

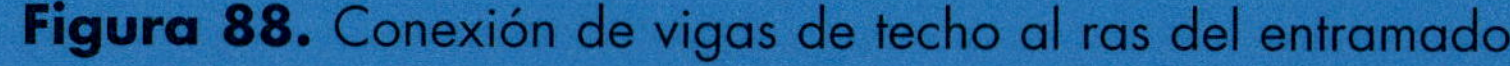

$$T = \frac{W \times L}{2H}$$

Techo Inclinación	Ancho del edificio (2L) 20'	24'	30'	36'
3/12	**T = 1,064 lbs.** 11 clavos o 3 pernos	**T = 1,276 lbs.** 13 clavos o 4 pernos	**T = 1,596 lbs.** 16 clavos o 4 pernos	**T = 1,915 lbs.** 20 clavos o 5 pernos
4/12	**T = 798 lbs.** 8 clavos o 2 pernos	**T = 958 lbs.** 10 clavos o 3 pernos	**T = 1,197 lbs.** 12 clavos o 3 pernos	**T = 1,437 lbs.** 15 clavos o 4 pernos
6/12	**T = 532 lbs.** 6 clavos o 2 pernos	**T = 638 lbs.** 7 clavos o 2 pernos	**T = 798 lbs.** 8 clavos o 2 pernos	**T = 957 lbs.** 10 clavos o 3 pernos
9/12	**T = 355 lbs.** 4 clavos o 1 perno	**T = 425 lbs.** 5 clavos o 2 pernos	**T = 532 lbs.** 6 clavos o 2 pernos	**T = 638 lbs.** 7 clavos o 2 pernos
12/12	**T = 266 lbs.** 3 clavos o 1 perno	**T = 319 lbs.** 4 clavos o 1 perno	**T = 399 lbs.** 4 clavos o 1 perno	**T = 479 lbs.** 5 clavos o 2 pernos

Nota: Esta tabla se base en una carga viva de 30 psf más una carga muerta de 10 psf. Se supone que los clavos son 16d, a una capacidad de 100 libras cada uno; los pernos son de 1/2 pulg, a una capacidad de 400 libras cada uno. Los cabios están a 16 pulg entre centros.

Figura 88. Conexión de vigas de techo al ras del entramado

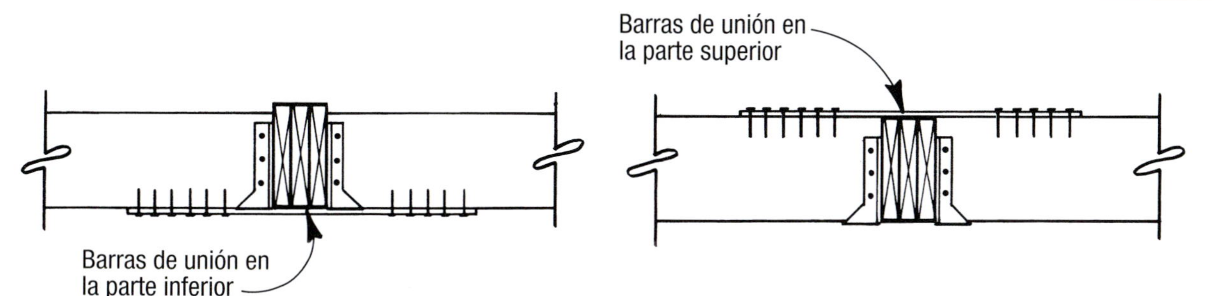

Cuando un travesaño armado al ras o una viga maestra interrumpe las vigas de techo a medio tramo, use barras de unión para conectar las vigas y llevar la tensión creada por la carga del techo.

Figura 89. Colocación de amarres de collar

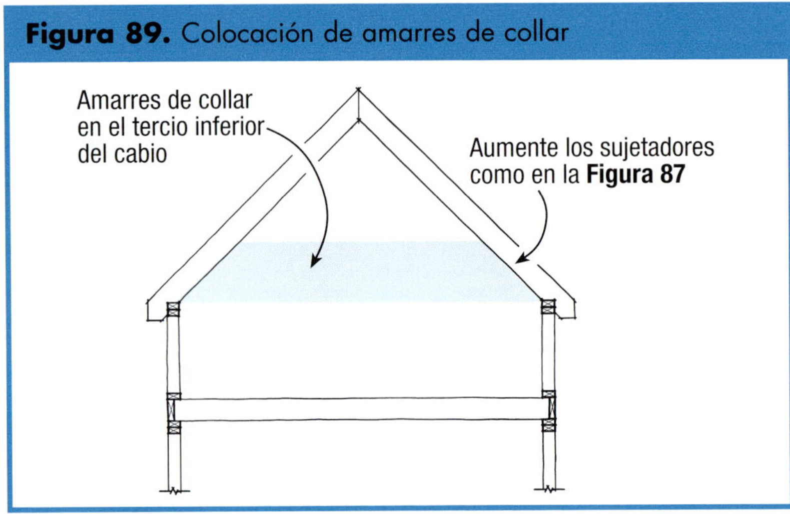

La finalidad de los amarres de collar tradicionales es la de reforzar la conexión del cabio a la cumbrera. Sin embargo si los amarres de collar se necesitan para prevenir que los extremos de los cabios se separen, entonces deben permanecer en el tercio inferior del tramo (regla general) o ser fabricados.

Figura 91. Conexiones cumbreras estructurales

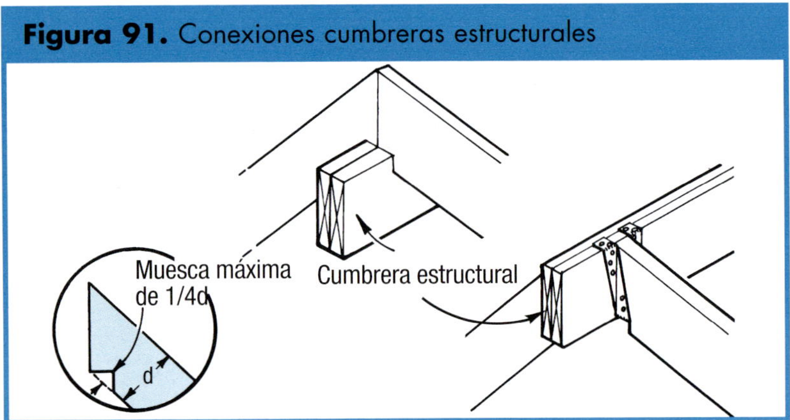

Apoye los cabios encima de una cumbrera estructural o use estribos adheridos a la viga cumbrera La muesca en el cabio no debe ser más profunda que un cuarto de su ancho.

Amarres de collar

Los amarres de collar con frecuencia se colocan cerca de la cumbrera, pero esta colocación solamente sirve para reforzar la conexión del cabio a la cumbrera y para dar rigidez a los cabios. Para evitar de manera eficaz que los cabios se separen, los amarres de collar deben estar en el tercio inferior del cabio (**Figura** 89). No son necesarios si los cabios están bien clavados a las vigas de techo.

Las conexiones de amarre de collar deben tratarse como las conexiones de los cabios a las vigas (**Figura** 87, página anterior).

Vigas cumbreras estructurales

En un techo tipo catedral, la fuerza de empuje hacia fuera de los cabios no está sostenida por las vigas de techo ni por las amarras de cabio y la parte superior de los cabios deben

Figura 92. Diseño de hileras

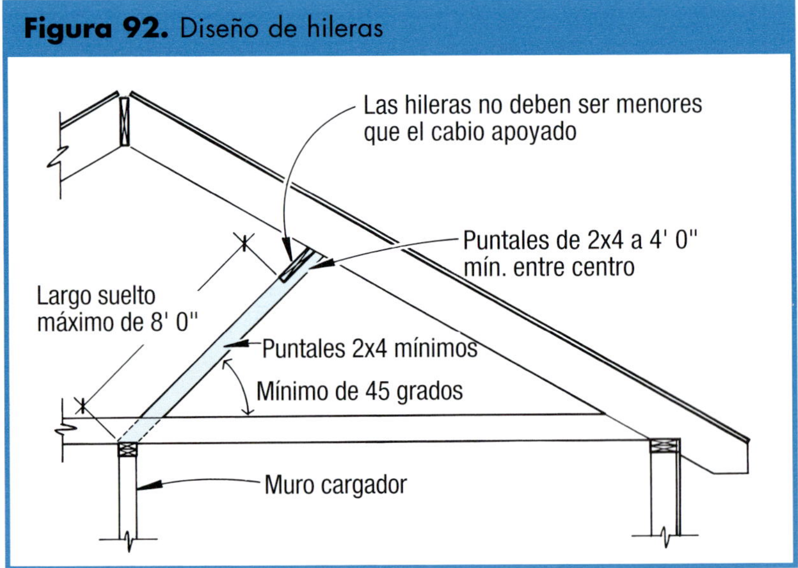

Las hileras y los puntales pueden hacer más rígidos los tramos de los cabios. Las hileras deben ser por lo menos de la misma dimensión que los cabios y un muro cargador debe apoyar los puntales.

apoyarse en una viga cumbrera estructural. El tamaño de las vigas cumbreras estructurales se muestra en la **Figura 90**.

Los cabios pueden apoyarse encima de la cumbrera estructural o pueden apoyarse con estribos o anclas (**Figura 91**).

Amarres de collar

Vigas cumbreras estructurales

Hileras

Hileras y puntales de techo

Las hileras y los puntales pueden usarse para reducir los tramos de cabio o para dar rigidez a los cabios (**Figura 92**). Para sostener correctamente el techo, las hileras deben tener por lo menos la misma dimensión que los cabios mientras que los puntales deben transferir la carga a los muros cargadores a un ángulo de no menos de 45 grados. Los IRC 2000 colocan el espaciamiento máximo de puntales 2x4 a 4 pies entre centros.

Figura 90. Tramos de vigas cumbreras estructurales para cargas vivas de techo de 20 psf

	Carga muerta de techo = 10 psf			Carga muerta de techo = 20 psf		
	Ancho del edificio (pies)			Ancho del edificio (pies)		
	20	28	36	20	28	36
Tamaño	**Tramos máximos de vigas cumbreras para especies comunes de madera (pies-pulg)***					
1-2x6	4-10	4-1	3-7	4-2	3-6	3-1
1-2x8	6-1	5-2	4-7	5-3	4-6	3-11
1-2x10	7-5	6-4	5-7	6-5	5-5	4-10
1-2x12	8-8	7-4	6-5	7-6	6-4	5-7
2-2x6	7-2	6-0	5-4	6-2	5-3	4-7
2-2x8	9-1	7-8	6-9	7-10	6-7	5-10
2-2x10	11-1	9-4	8-3	9-7	8-1	7-2
2-2x12	12-10	10-10	9-7	11-1	9-5	8-3
3-2x8	11-1	9-7	8-5	9-10	8-4	7-4
3-2x10	13-10	11-8	10-4	12-0	10-2	8-11
3-2x12	16-1	13-7	12-0	13-11	11-9	10-4
4-2x8	12-3	10-11	9-9	11-1	9-7	8-5
4-2x10	15-7	13-6	11-11	13-10	11-8	10-4

*Los valores tabulados suponen que es madera #2 Oregón (Grade Douglas Fir-Larch), Abeto (Hem-Flr), Pino Amarillo (Southern Pine) o Abeto (Spruce-Pine-Fir).

Los techos tipo catedral requieren vigas cumbreras estructurales. Esta tabla muestra dos condiciones de carga muerta (10 y 20 psf) bajo condiciones de carga viva de 20 psf. En áreas con cargas vivas más pesadas de viento y nieve, se necesitarán vigas cumbreras más fuertes. Para tramos más largos y condiciones de carga más pesadas, considere usar LVL u otros materiales procesados.

PLACAS ELEVADAS DE CABIOS

Para crear más espacio para el aislamiento en los aleros, muchos constructores elevan los cabios y los sujetan a una placa clavada a la parte superior de las vigas de techo. Aunque esto reduce la pérdida de calor y las cortinas de hielo, también debilita la conexión importante entre las vigas de techo y los extremos de los cabios, por lo que requiere que se refuerce (**Figura** 93).

BLOQUEO PARA EL SUJETADOR DEL EXTREMO

Los extremos de cabios conectados a las vigas de techo generalmente no están en peligro de girarse, Pero en donde los cabios se apoyan en una viga o una placa por sí solos o están levantados por encima de las vigas, debe instalarse un bloqueo de altura completa entre los cabios o debe clavarse una viga de reborde (o subfrontis) a sus extremos.

El bloqueo con frecuencia es necesario para cerrar los aleros abiertos (sin plafones), pero no por razones estructurales.

VOLADIZOS

En general, los voladizos de techos no deben sobrepasar 2 pies o un tercio del tramo horizontal del cabio, lo que sea menor (**Figura 94**).

Figura 93. Conexiones de placas elevadas de cabios

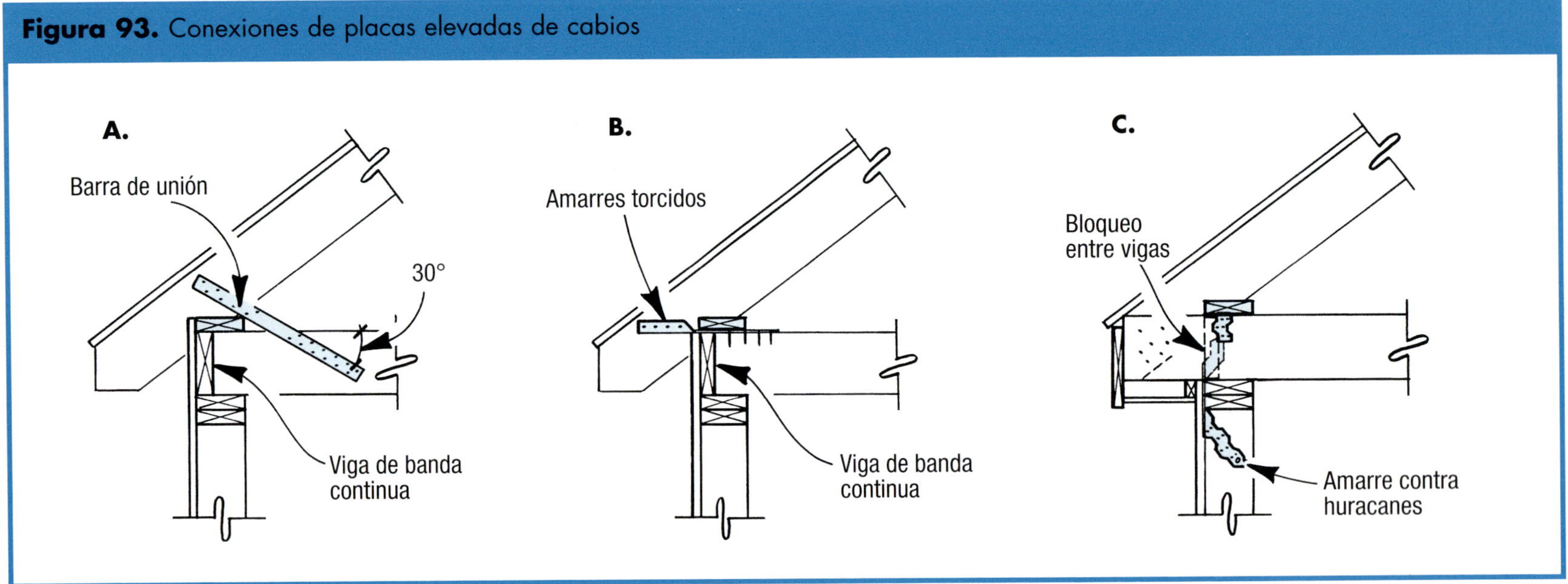

Usar barras de unión clasificadas (A) es una manera eficaz de resistir los empujes y levantamiento del techo en cabios elevados. Cuando se encuentra atravesado el piso de un ático, los amarres torcidos (B) funcionarán pero podrían necesitar amarres de viento adicionales en las zonas de mucho viento. Extender la viga del ático más allá del muro (C) permite que los amarres contra huracán ayuden a resistir las fuerzas de levantamiento.

Voladizos inclinados

Existen dos maneras comunes de construir voladizos en las inclinaciones:

- Para los voladizos de menos de 1 pie de largo, los bloques clavados a la pared de piñón son adecuados.
- Para los voladizos más largos, las "vigas voladas" o las hileras cortas, generalmente se instalan en voladizo (**Figura 95**). Éstas no deben estar en voladizo más de 2 pies o la mitad del tramo de la hilera, lo que sea menor.

ABERTURAS DEL TECHO

En general, en una abertura de techo con más de 4 pies de ancho, deben duplicarse los travesaños y los cabios. En una abertura con más de 6 pies de ancho, los estribos deben sostener a los travesaños a menos que apoyen una viga o pared cargadora.

Figura 94. Voladizos de techo

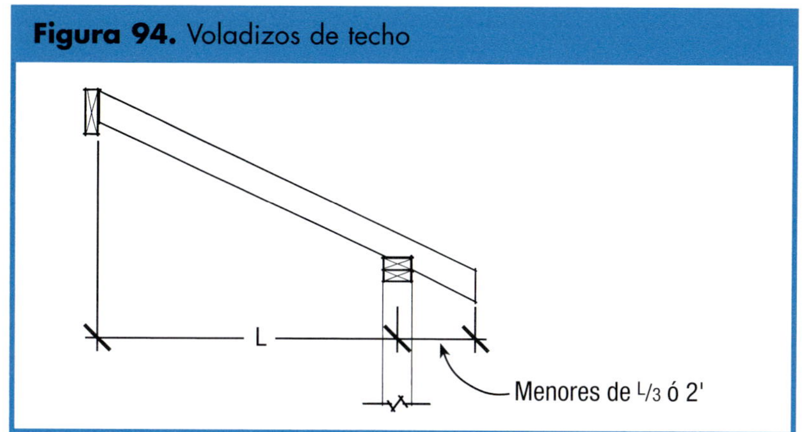

Los voladizos de techo no deben sobresalir 2 pies o un tercio del tramo del cabio, lo que sea menor.

Placas elevadas

Voladizos

Figura 95. Voladizos inclinados

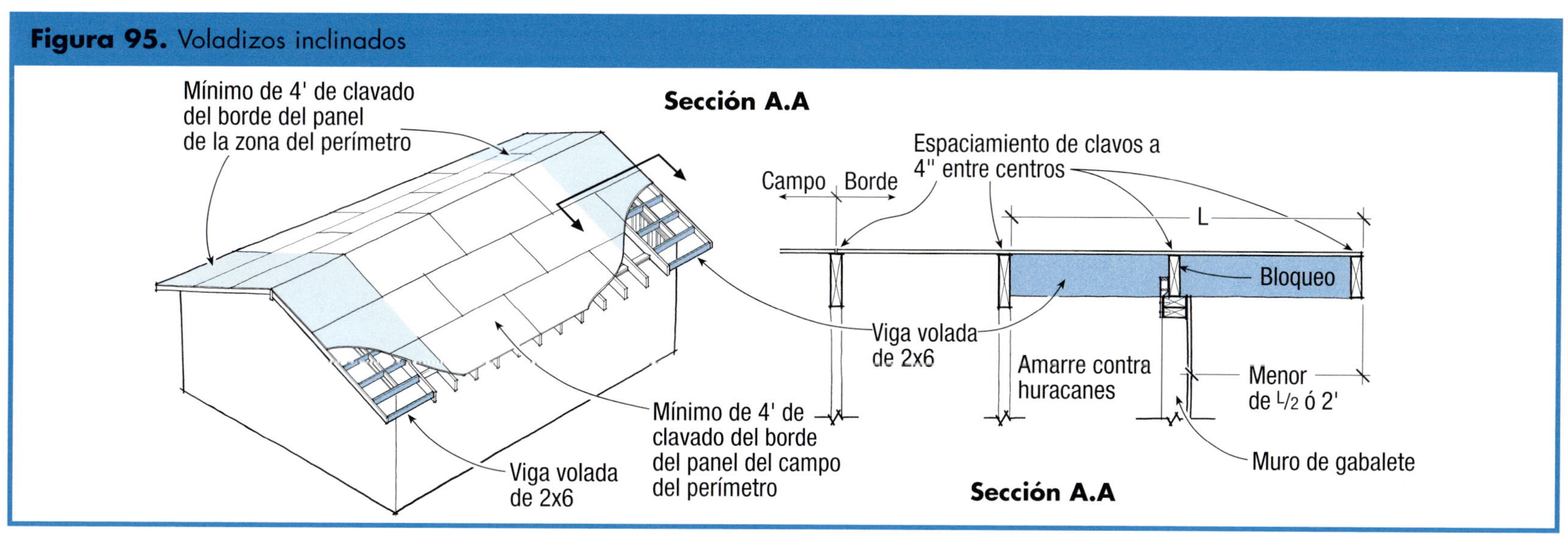

Las viguetas voladas en la inclinación no deben sobrepasar de 2 pies o la mitad del tramo de la vigueta volada, lo que sea menor. Las viguetas voladas de tipo de bloqueo no deben sobrepasar de 1 pie. En las zonas de vientos fuertes, el clavado del entablado alrededor del perímetro del techo podría tener que mejorarse.

Figura 96. Apoyos de centro para buhardillas de cobertizo

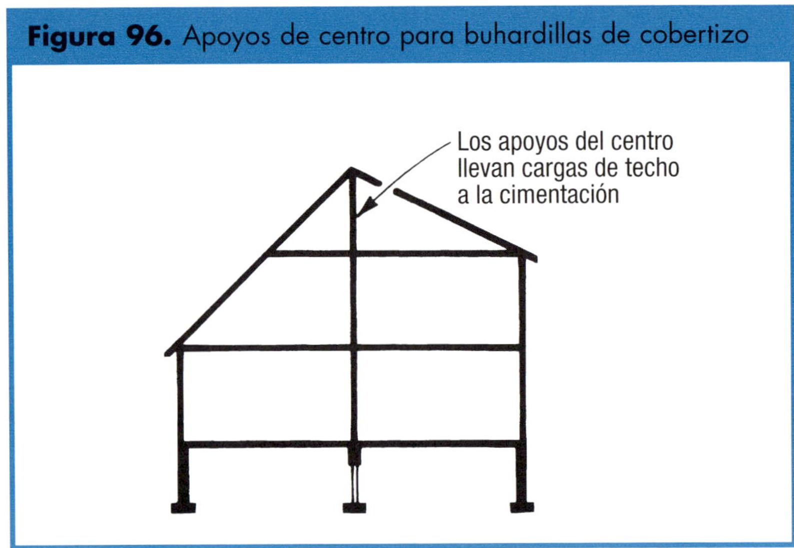

Una pared de apoyo central, o una cumbrera estructural en la misma ubicación, soportarán las cargas desbalanceadas causadas al añadir una buhardilla de cobertizo. Las cargas deben seguir un recorrido continuo a la cimentación.

BUHARDILLA DE COBERTIZO

Al añadir una buhardilla de cobertizo a un techo de dos aguas típico se desestabiliza el equilibrio de las fuerzas al romper el triángulo estable formado por los cabios y las vigas de techo.

Dos maneras comunes para apoyar cargas de buhardilla son con un muro cargador central (**Figura 96**) o con una cumbrera estructural. Cualquiera de las soluciones debe proporcionar un recorrido de carga continuo a la cimentación.

Buhardilla de cobertizo con cumbreras estructurales

Una cumbrera estructural puede reemplazar la cumbrera o puede instalarse por debajo (**Figura 97**).

En donde se coloca una cumbrera de buhardilla estructural por debajo, se debe conectar de manera segura a la cumbrera estructural o al muro cargador central (**Figura 98**).

Sin una cumbrera estructural ni muros cargadores centrales, aun es posible construir pequeñas buhardillas de cobertizo pero debe añadirse una combinación de elementos estructurales (**Figura 99**,

Figura 97. Conexiones de las cumbreras modificadas para buhardilla de cobertizo

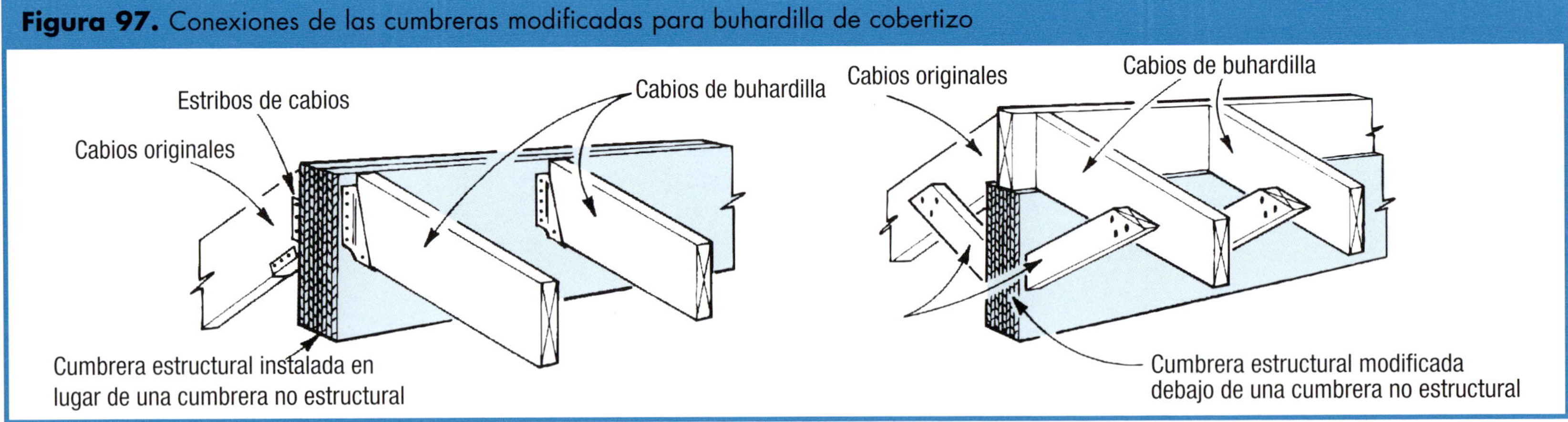

Ya sea que una cumbrera estructural reemplace a una cumbrera existente (izquierda) o esté instalada debajo (derecha), debe ser del tamaño suficiente para soportar las cargas que presenta la adición.

Buhardilla de cobertizo

Figura 98. Cumbrera bajada de buhardilla (con cumbrera estructural)

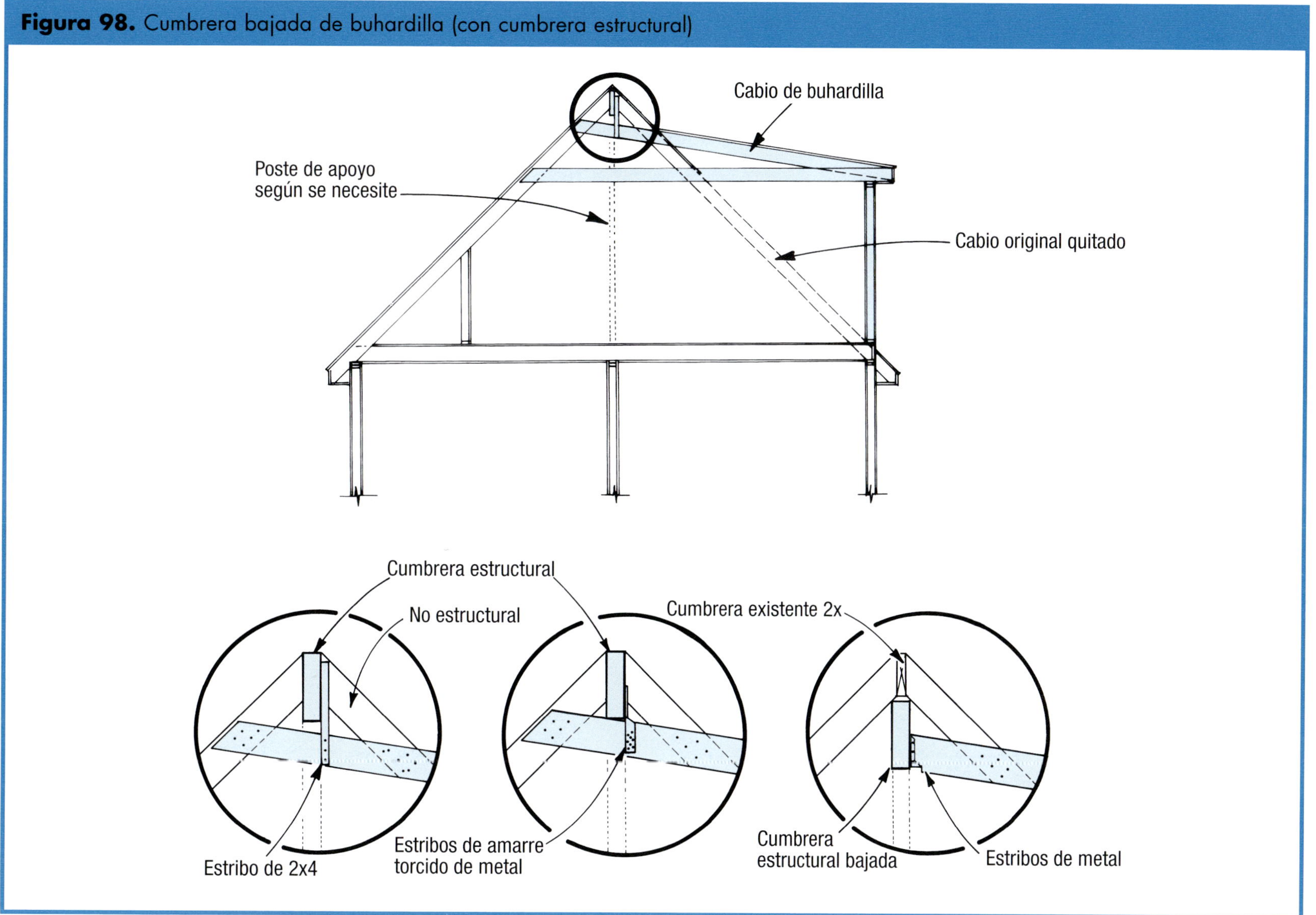

En donde la cumbrera de buhardilla está bajada por debajo de la cumbrera principal, la cumbrera de buhardilla debe estar bien asegurada a la cumbrera estructural o al muro cargador central. Se muestran varias opciones.

Figura 99. Precauciones para pequeñas buhardillas de cobertizo

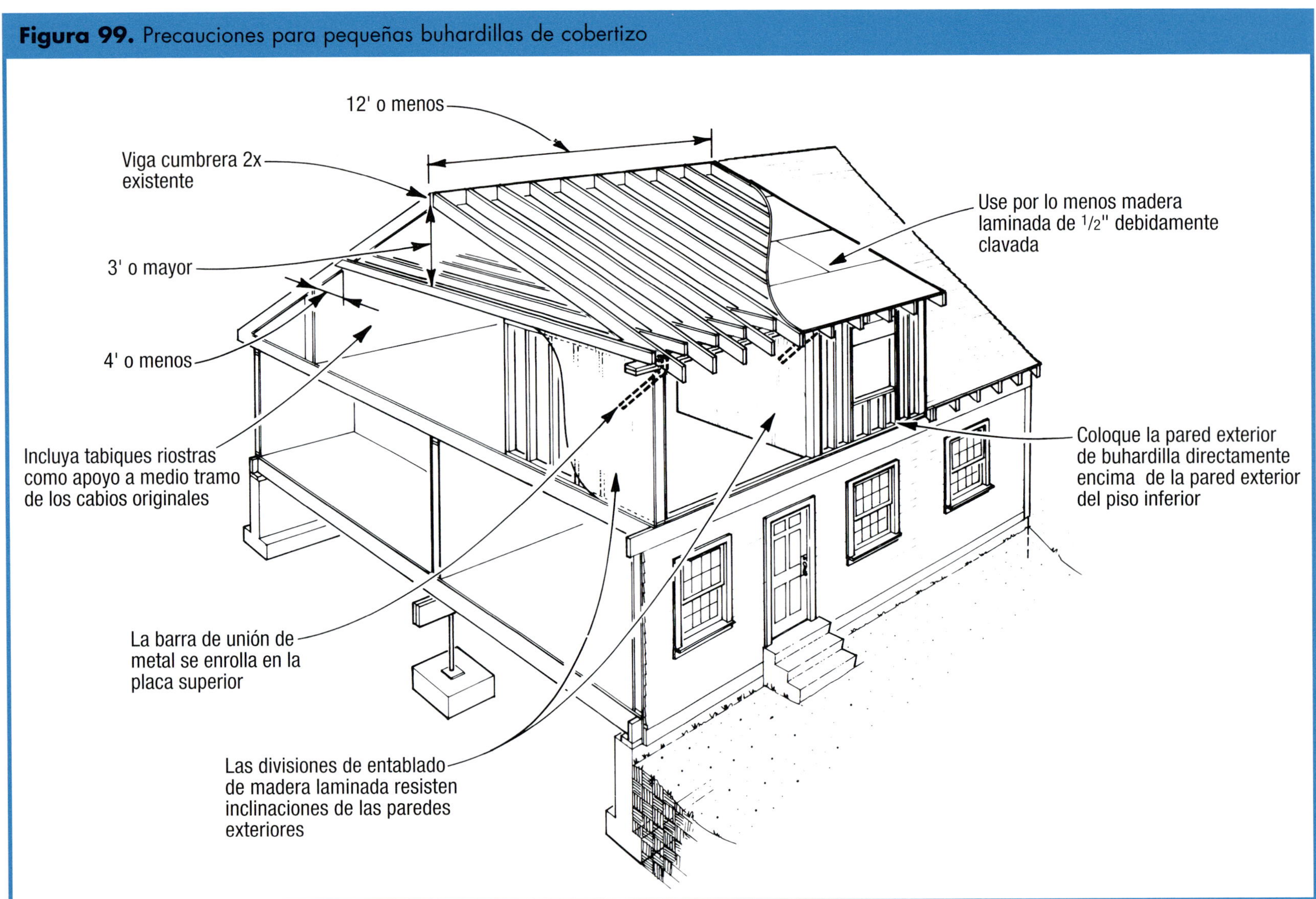

Con frecuencia es posible añadir de manera segura una buhardilla de cobertizo pequeña en donde no es posible tener una cumbrera estructural o un muro cargador. Las precauciones mostradas aquí ofrecen directrices generales que pueden funcionar juntas para soportar la buhardilla y para prevenir que la cumbrera se cuelgue y la pared de buhardilla se incline.

Las vigas I se usan más frecuentemente en entramados de techo, en particular en los techos tipo catedral con tramos largos.

Cumbreras estructurales para techos de vigas I

CUMBRERAS ESTRUCTURALES NECESARIAS

Todos los techos de vigas I requieren muros cargadores centrales o una viga cumbrera estructural, ya que no hay manera práctica de hacer una conexión fuerte contra corte en los extremos de los cabios para resistir el empuje horizontal.

Cumbreras estructurales con estribos

La conexión más común en las cumbreras es un estribo montado de frente con un asiento en declive. Estos estribos pueden ajustarse en la obra para igualar el declive de la viga I, y pueden sesgarse de lado a lado hasta a 45 grados para los cabios cortos de lima tesa y de lima hoya

Instale montantes de refuerzo biselados a cada lado de la viga I en donde se apoya el estribo. Deje un espacio de 1/8 a 1/4 pulg en el ala superior y asegure los montantes de refuerzo clavando tres o más clavos 8d por cada lado, en zigzag y con las puntas remachadas. Las vigas I más grandes podrían necesitar montantes 2x de refuerzo con clavos de 16d. En todos los casos, siga los programas de clavado del fabricante.

Cumbreras estructurales debajo de los cabios

Las vigas I pueden colocarse encima de una cumbrera estructural sobre una placa biselada (**Figura 101**). Nunca corte una ranura en la viga I en la cumbrera, esto requerirá cortar a través del ala inferior, lo que dañará la viga.

Para evitar que los cabios se rueden, instale bloqueo entre las vigas I a cada lado de la cumbrera. El bloqueo puede ser de material de viga I, de madera dimensional o apuntalamiento transversal de metal. Si necesita dejar espacio para un canal de ventilación, use madera dimensional o material de viga de reborde con muescas para permitir el flujo de aire o use apuntalamiento transversal de metal.

Figura 101. Conexiones cumbreras estructurales

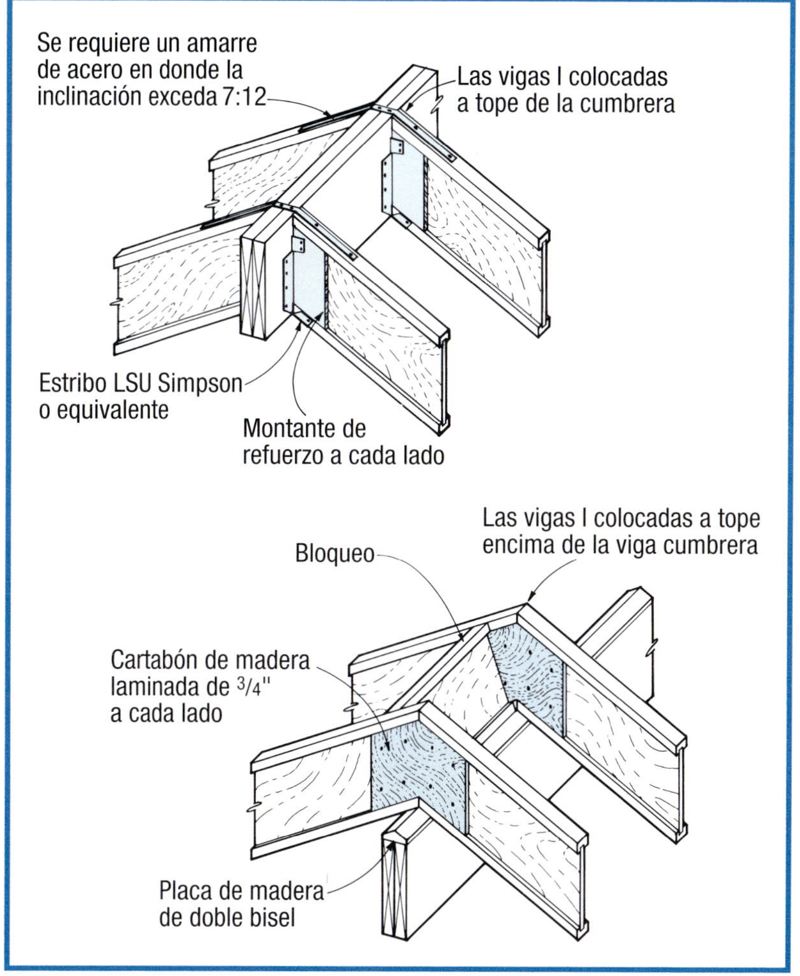

La conexión más común entre la cumbrera y los cabios de vigas I usa un estribo con asiento en declive (superior). Se requieren amarres de acero sobre las partes superiores de los cabios en las inclinaciones de techos más pronunciadas que 7:12. En donde los cabios de las vigas I se colocan sobre la cumbrera (arriba), se requiere bloqueo en ambos lados de la cumbrera.

CONEXIONES DE ALEROS

Varios detalles son posibles en la placa de pared exterior, dependiendo del perfil del techo deseado.

Ranuras para los cabios de vigas I

La manera más común de unir los cabios de las vigas I a las paredes es cortando una ranura en la placa. El asiento no debe nunca sobresalir de la cara interna del muro cargador, de otra manera la viga I se verá afectada. Los montantes de refuerzo son necesarios en ambos lados de la ranura (**Figura 102**).

Figura 102. Corte de ranuras para los cabios de las vigas

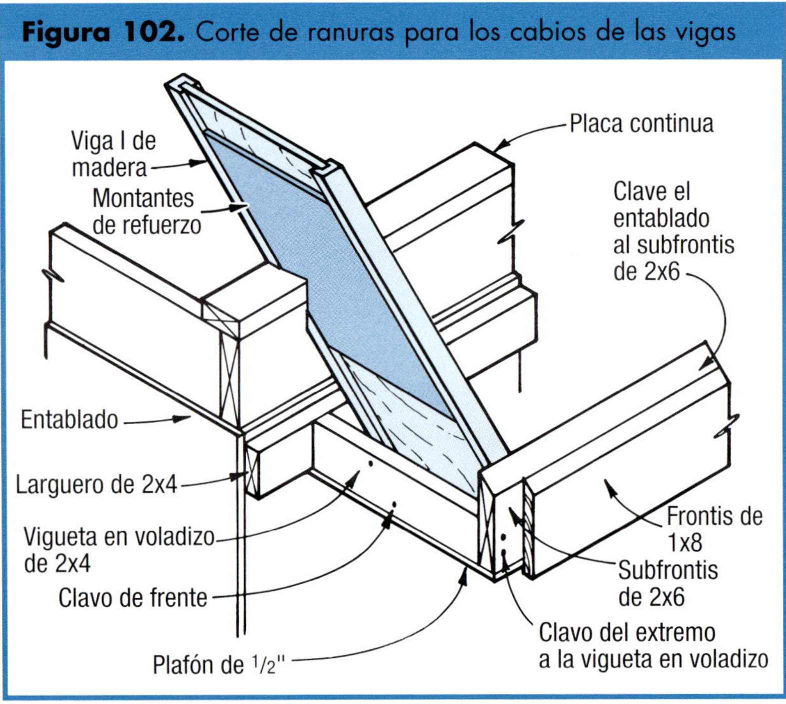

Con un corte de ranura, es crítico que el cordón inferior completo se apoye directamente sobre la placa superior. Provea montantes de refuerzo y apuntalamiento lateral — apuntalamiento lateral de metal, madera dimensional, materiales de viga de reborde procesada o material de viga I — en ambos lados del cabio.

Placas biseladas de pared para los cabios de vigas I

Los cabios de vigas I pueden colocarse sobre una placa superior biselada (**Figura 103**). Esta opción puede ahorrar tiempo ya que no se necesitan ranuras ni montantes de refuerzo.

El bloqueo entre los cabios es necesario cuando se usan placas biseladas de pared. Para el bloqueo, use vigas I, madera dimensional o apuntalamiento transversal de metal. Algunos fabricantes de vigas I pueden requerir conectores adicionales en los techos con inclinaciones pronunciadas.

Figura 103. Placas biseladas de pared para los cabios de vigas I

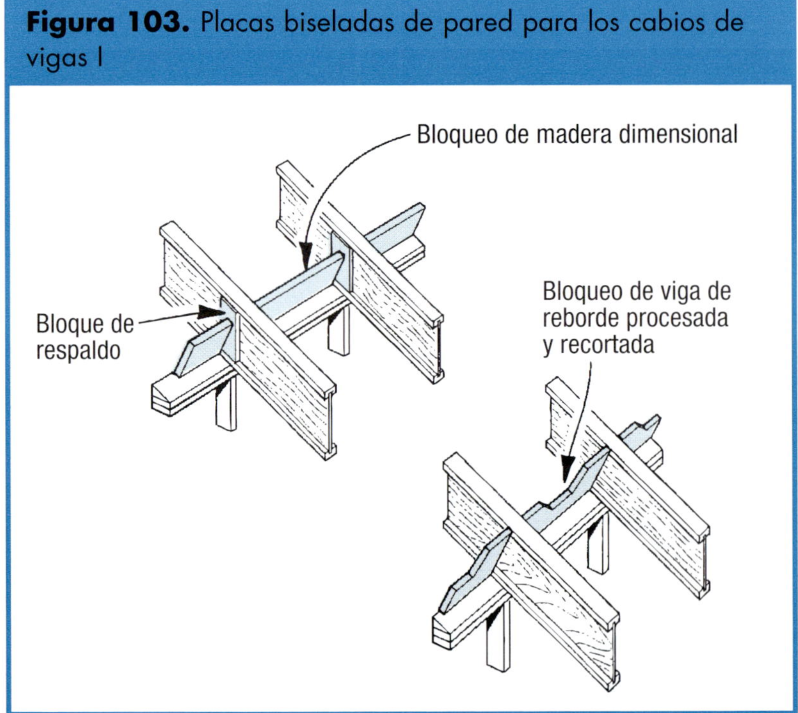

Unir cabios a las paredes con placas superiores biseladas generalmente no requiere montantes de refuerzo, pero si requiere bloqueo en ambos lados del cabio.

Conectores con asiento en declive

Una tercera opción para conectar los cabios de las vigas I a las paredes es usar conectores de metal con asiento en declive. Igual que con el método de la placa biselada, éstas no requieren una ranura ni montantes de refuerzo, pero sí requieren bloqueo entre los cabios.

VOLADIZOS DE VIGA I

Debido a que cortar a través del alma inferior afecta la resistencia de un cabio de viga I, las colas de cabio con ranuras están limitadas a una proyección horizontal de 2 pies (**Figura 104**).

Plafones

Existen varias maneras de construir plafones tradicionales. Una manera común es sujetar bloqueo de 2x4 a las colas de cabio de la viga I según se muestra en la **Figura 102**. Otra opción es instalar madera dimensional en las colas de los cabios.

Voladizos en los extremos de gabaletes

Para un voladizo en el extremo de gabalete, instale voladores de madera dimensional en voladizo en ángulo recto a la placa superior de la pared del extremo (**Figura 105**). Estos son similares a los voladores que se usan en el entramado de palos (**Figura 95, página 53**).

APUNTALAMIENTO TEMPORAL DE LAS VIGAS I

Los cabios de las vigas I (como las vigas I de los pisos) son inestables hasta que se sujetan completamente y entablan. Es crucial que se instalen todos los bloqueos y se proporcionen refuerzos laterales antes de aplicarle cualquier peso a los cabios. Al igual que con las vigas I de piso, estabilice los extremos sueltos instalando la primera pieza de entablado de 4 pies, después sujete el resto de los cabios con puntales de 1x4 clavados de manera plana a la parte superior de los cabios de las vigas I cada 6 a 8 pies y con un traslape en los extremos de por lo menos dos vigas.

Figura 104. Colas de cabio de viga I

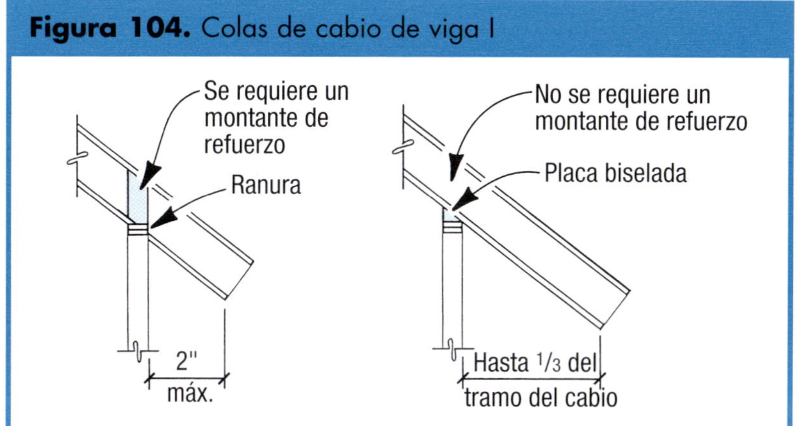

Con una ranura (izquierda), el voladizo de un cabio de una viga I está limitado a 2 pies de largo. Con una placa superior biselada o un estribo inclinado, el voladizo puede tener la longitud de un tercio del largo del cabio (derecha).

Figura 105. Voladizos de pared inclinada

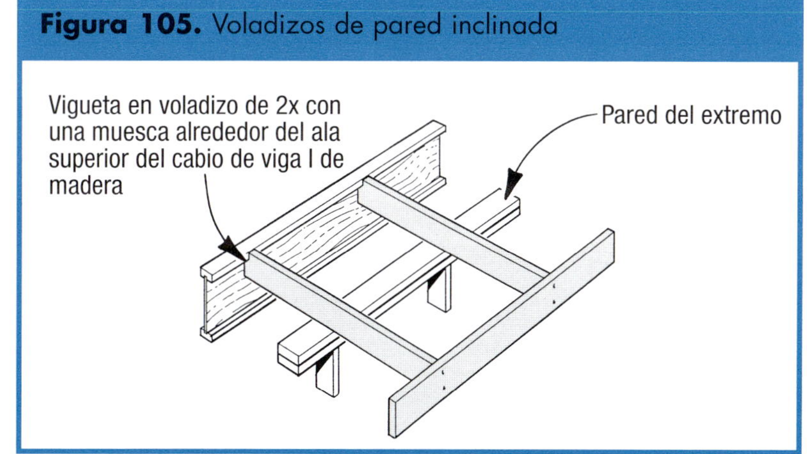

Arme los voladizos de pared inclinada con voladizos de madera dimensional con muescas alrededor del ala superior de la viga I. Si el voladizo sobrepasa el espaciamiento de la viga I, consulte al fabricante para ver si se necesita una viga I doble.

LOS COMPONENTES PRINCIPALES DE LAS ARMADURAS SE MUESTRAN en la **Figura 106**. Los techos con armaduras son sistemas proyectados. Deben instalarse y asegurarse correctamente para que funcionen como se planearon. Cualquier cambio en el plan original en el apoyo o la carga o cualquier modificación en la obra de las armaduras deben ser proyectadas.

TIPOS DE ARMADURA

Muchos tipos de armaduras estándar ahora se producen y casi cualquier diseño de techo puede fabricarse a la orden. Los tipos más populares de armaduras se muestran en la **Figura 107**.

Voladizos de armaduras

Cuando pida las armaduras, especifique el tramo, la inclinación, el ancho de los muros cargadores (2x4 ó 2x6), y el largo y el tipo de voladizo (**Figura 108**).

El largo de la armadura es generalmente el largo del cordón inferior; no incluye el voladizo, el cual más frecuentemente es una proyección del cordón superior.

Armaduras de lima tesa y lima hoya

Los techos de lima tesa y lima hoya entre las intersecciones de los techos pueden construirse con las armaduras de cabio corto sujetas a una armadura de viga maestra.

Figura 106. Componentes de armaduras

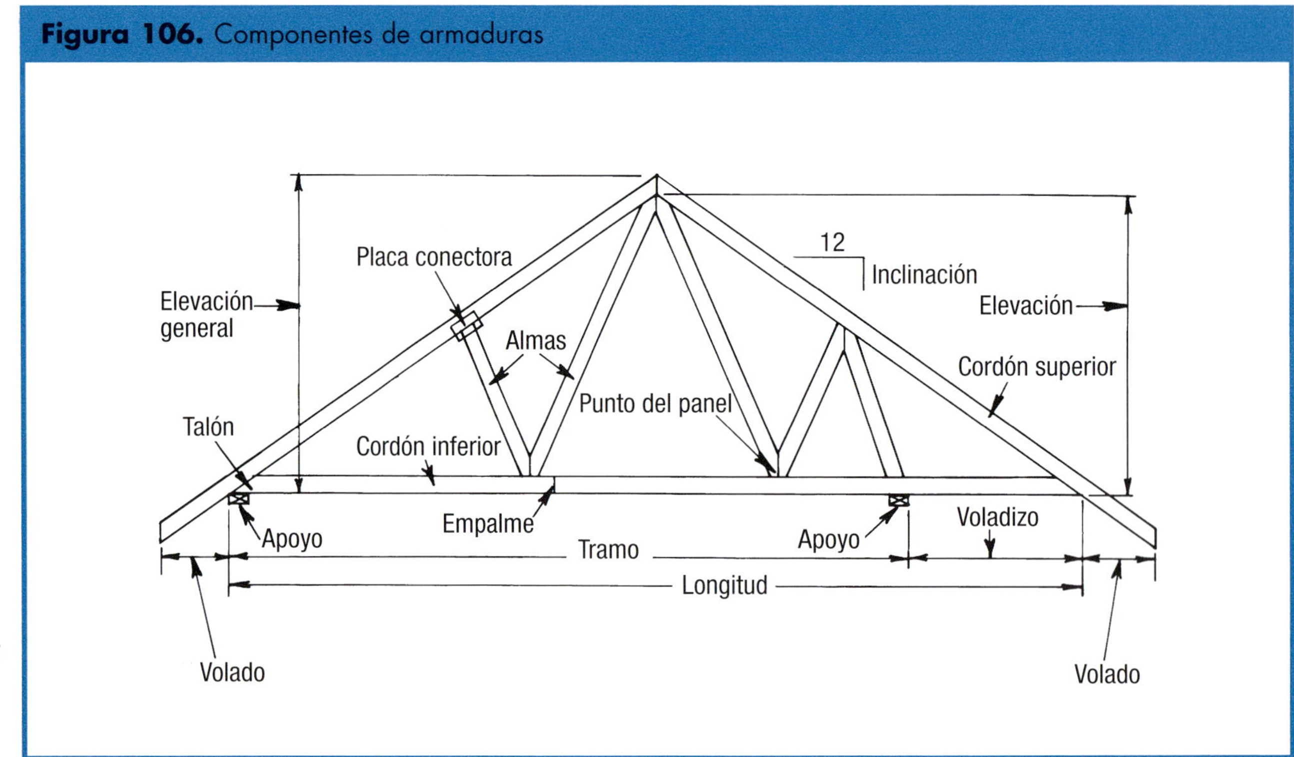

La mayoría de las armaduras están diseñadas para cubrir el tramo entre las paredes exteriores sin que requieran ningún apoyo interior.

Figura 107. Tipos de armaduras

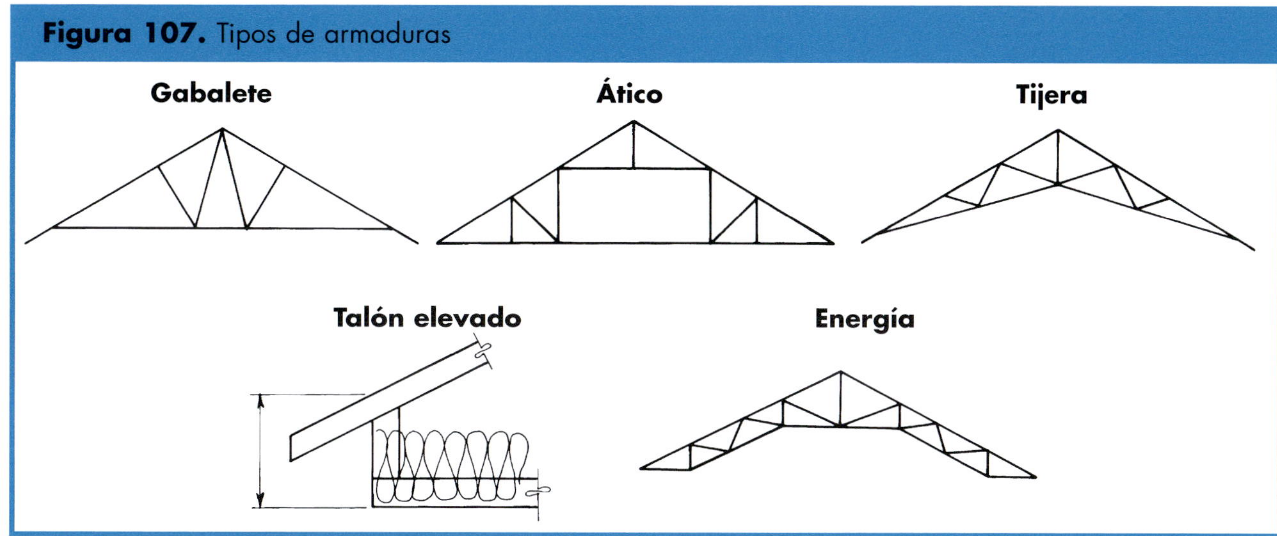

Tipos de armaduras

Los tipos comunes de armaduras ofrecen una variedad de perfiles de techo, incluyendo la altura total de espacio habitable que proporciona la armadura del ático. Las armaduras de talón elevado y las armaduras de energía ofrecen espacio adicional para el aislante del techo.

Figura 108. Voladizos de armaduras

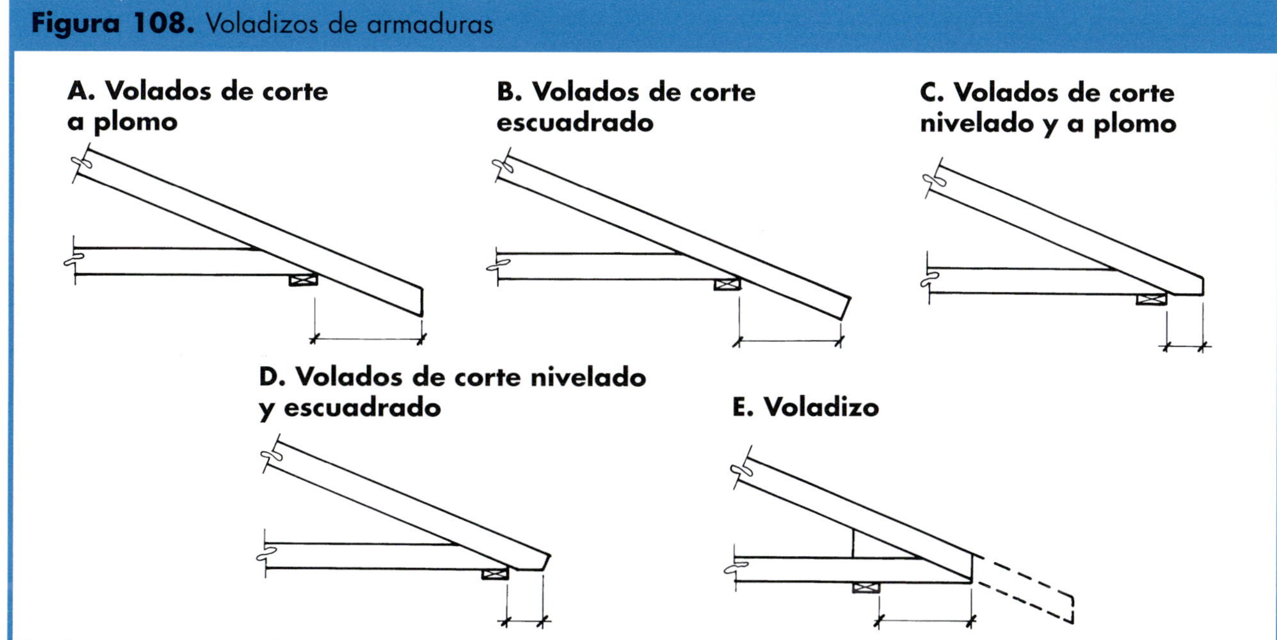

Cuando pida armaduras, especifique el largo del volado, medido horizontalmente. El volado generalmente no se considera como parte del largo de la armadura; sólo los volados del voladizo están incluidos en el largo de la armadura. Además, asegúrese de indicar cómo se cortará la cuerda superior en el extremo (A, B, C o D).

Lima tesa. Las armaduras que van disminuyendo de tamaño (step-down) completan el extremo superior de la serie de lima tesa y las armaduras más pequeñas llenan las esquinas inferiores (**Figura 109**). Al igual que con otras armaduras, es crítico que las dimensiones del edificio sean iguales a las del dibujo y que las paredes estén bien escuadradas y niveladas.

Las limas hoyas de un techo con armaduras generalmente están armadas de manera convencional. Sin embargo, cuando un proyecto incluye más de una lima hoya del mismo tamaño, un juego de limas hoyas podría ser más económico (**Figura 110**).

MANEJO Y ALMACENAJE DE ARMADURAS

Las armaduras son vulnerables a los daños hasta que están instaladas, entabladas y apuntaladas. Para evitar los daños, use las siguientes medidas de precaución:

- Inspeccione las armaduras cuando reciba el embarque. Busque cuidadosamente si hay placas sueltas y rechace las armaduras dañadas.
- Las armaduras atadas deben levantarse del camión sujetándolas de dos puntos en los cordones superiores. Las armaduras individuales deben levantarse de la misma manera (**Figura 111**).
- Almacene las armaduras horizontalmente en un terreno seco y relativamente plano. Para evitar doblarlas o torcerlas, y posiblemente así aflojar las placas de armadura, apoye las armaduras con bloques colocados cada 8 a 10 pies.
- Si las armaduras tienen que almacenarse verticalmente, asegúrese de que estén apuntaladas y bloqueadas de manera estable. Las armaduras de gabalete deben almacenarse con los picos hacia arriba, las armaduras de tijera con los picos hacia abajo.

Figura 109. Anatomía de lima tesa de una armadura

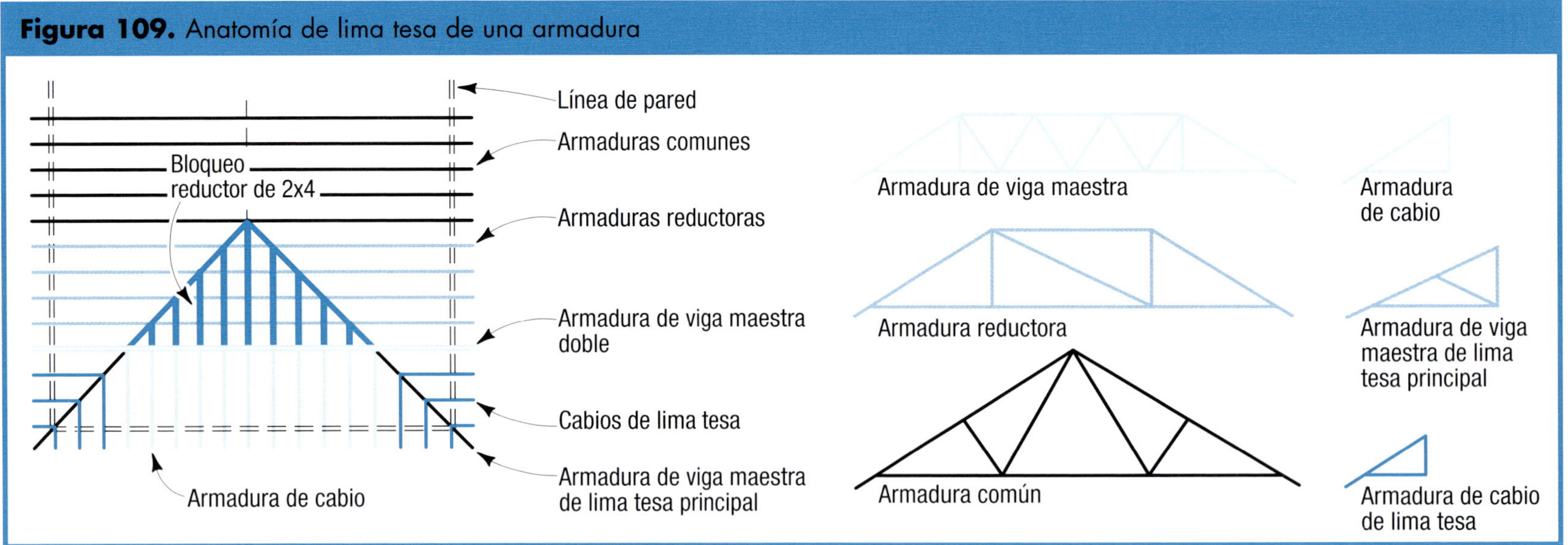

El sistema de lima tesa más común usa armaduras comunes, las cuales bajan a una armadura de viga maestra doble. La lima tesa entonces de termina con un par de vigas maestras de lima tesa principal y las armaduras de cabio.

APUNTALAMIENTO DE ARMADURAS DE TECHO

Las armaduras son inherentemente inestables hasta que se entablan y requieren dos tipos de apuntalamiento: temporales y permanentes.

Use apuntalamiento temporal para erigir de manera segura las armaduras; el apuntalamiento permanente se requiere para estabilizar las armaduras durante la vida de la estructura. El fabricante de la armadura o "diseñador oficial" debe proporcionar un plan de apuntalamiento permanente.

Generalmente algunos de los elementos del apuntalamiento temporal se quedan en su lugar como parte del apuntalamiento permanente. En general, todos los puntales deben colocarse cerca de los puntos de panel (donde se juntan los miembros de la armadura).

Figura 110. Juegos de lima hoya

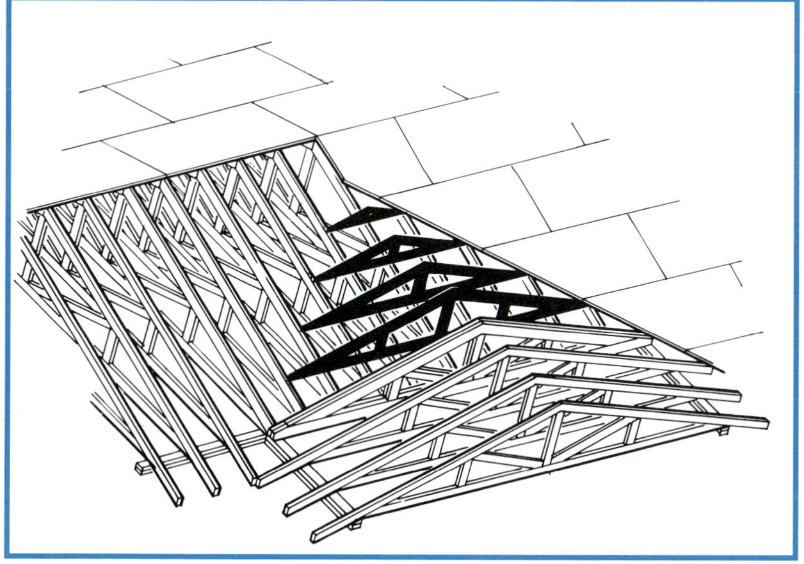

Aunque la lima hoya generalmente se arma convencionalmente, los sistemas de armaduras de lima hoya podrían ser más económicos si el tamaño de la lima hoya se usa más de una vez en el proyecto.

Manejo de armaduras

Apuntalamiento de armaduras

Apuntalamiento temporal: La primera armadura

Es importante aplomar correctamente la primera armadura y apuntalarla bien, ya que las armaduras adicionales se apoyarán en la primera para estabilizarse.

Todos los puntales deben ser de material 2x.

Comience con la armadura de gabalete del extremo. La mayoría de los constructores comienzan entablando la armadura de gabalete en el suelo y levantando esa primero.

Figura 111. Levantamiento de armaduras

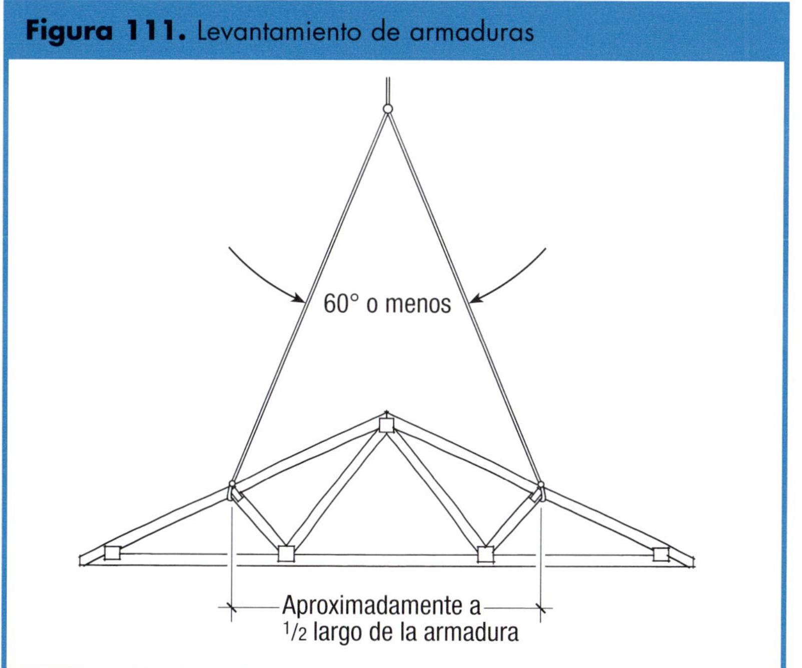

Para evitar que las armaduras se tuerzan y se dañen las conexiones de placas, levante las menores de 30 pies de largo por dos puntos de balance. Las armaduras más largas requieren refuerzo con respaldos fuertes antes de levantarlas.

Figura 112. Apuntalamiento de la terraza

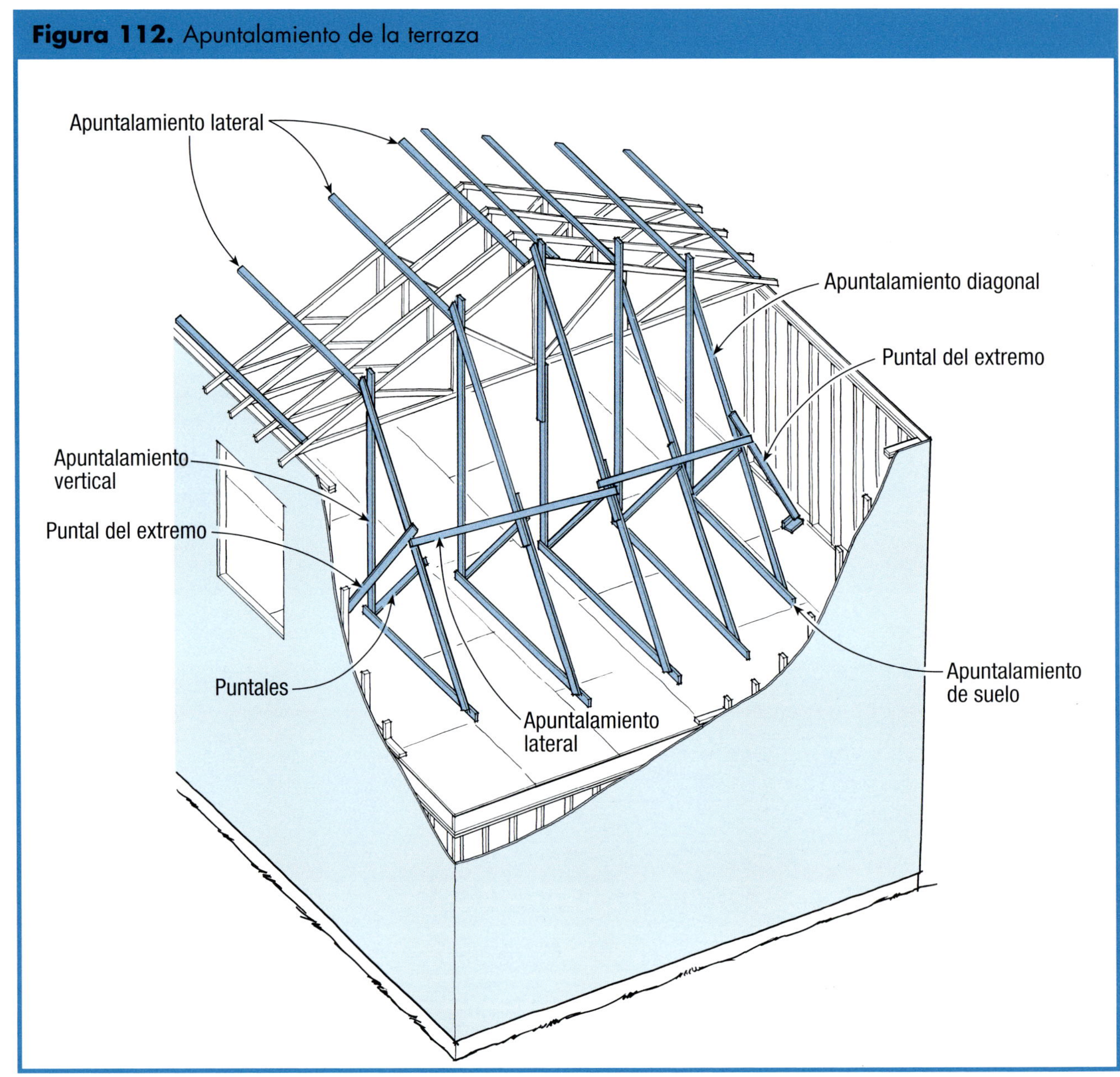

La primera armadura debe estar recta y a plomo y bien apuntalada. Esta configuración de apuntalamiento temporal, la cual empieza varias armaduras antes del extremo y se apuntala contra la terraza de piso, es recomendada por el Truss Plate Institute.

Desafortunadamente, las armaduras de gabalete son difíciles de apuntalar a la plataforma sin que los puntales interfieran con la segunda armadura. En un edificio de un solo piso, la armadura de gabalete del extremo puede apuntalarse a estacas clavadas en el suelo.

Comience a varias armaduras del extremo. En forma alternativa, comience la primera armadura de 8 a 12 pies del extremo de gabalete y apuntálela a la plataforma (**Figura 112**). Después trabaje a partir del extremo apuntalado, llenando la sección abierta de 8 a 12 pies al final, después de apuntalar permanentemente el resto de las armaduras.

Apuntalamiento temporal

O apuntale las armaduras a una pared de extremo (**Figura 113**). Podría ser necesario primero reforzar el puntal de la pared de extremo a la plataforma para mantener rígida la placa superior.

Figura 113. Apuntalamiento contra una pared de extremo

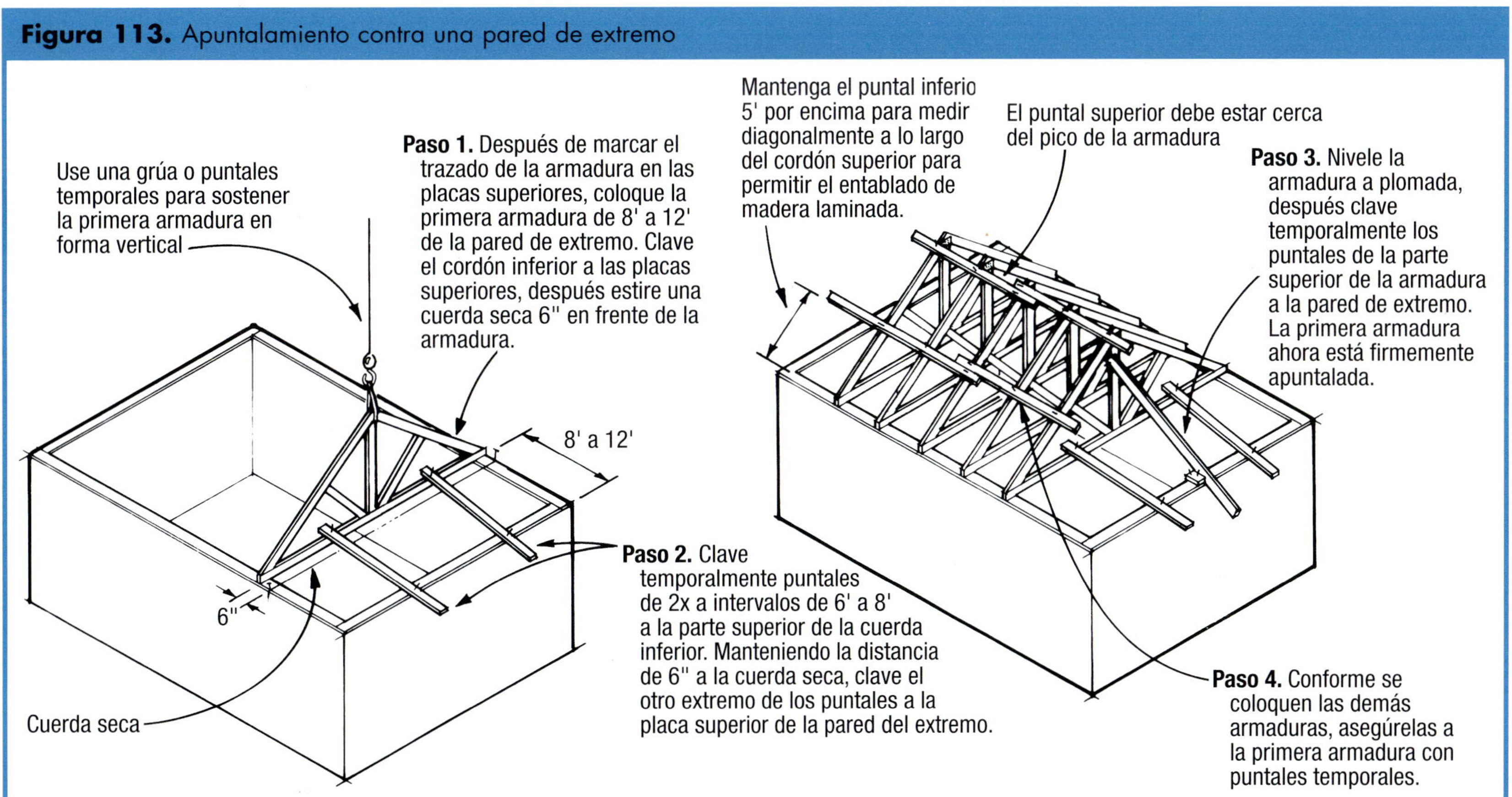

Los constructores han desarrollado una variedad de técnicas de campo para apuntalar la primera armadura. Este enfoque requiere que la pared del extremo se apuntale primero para mantener rígida la placa superior.

Apuntalamiento temporal: Armaduras posteriores

Espaciadores. Conforme se añadan armaduras al techo, éstas pueden espaciarse de la armadura anterior con espaciadores cortos de 1x4 ó 2x4 precortados al largo, con espaciadores de metal de calibre liviano o con puntales de metal desplegables de trabajo pesado. (Los puntales de metal pesado también pueden servir como apuntalamiento lateral temporal para el cordón superior.)

Apuntalamiento del cordón superior. Tan pronto como la cuarta armadura esté levantada, comience a sujetar el apuntalamiento lateral a través de los cordones superiores — un puntal cerca del pico y uno cerca del punto medio de cada cordón superior. Si es necesario, coloque puntales diagonales a cada extremo del techo y a intervalos de 20 pies en el centro de ambos extremos (**Figura 114**).

Todo el apuntalamiento lateral debe ser por lo menos madera de 2x4 de grado de construcción, por lo menos 10 pies de largo y clavados con dos clavos 16d en cada intersección. Las piezas individuales deben traslaparse por lo menos un claro.

Entablado del techo. Para estabilizar rápidamente los cordones superiores, algunos constructores comienzan a instalar el entablado después de tener una docena de armaduras instaladas. El entablado actúa como apuntalamiento temporal y permanente para los cordones superiores.

Para simplificar la instalación del entablado, algunos constructores mantienen los puntales inferiores de los cordones

Figura 114. Apuntalamiento diagonal de la cuerda superior

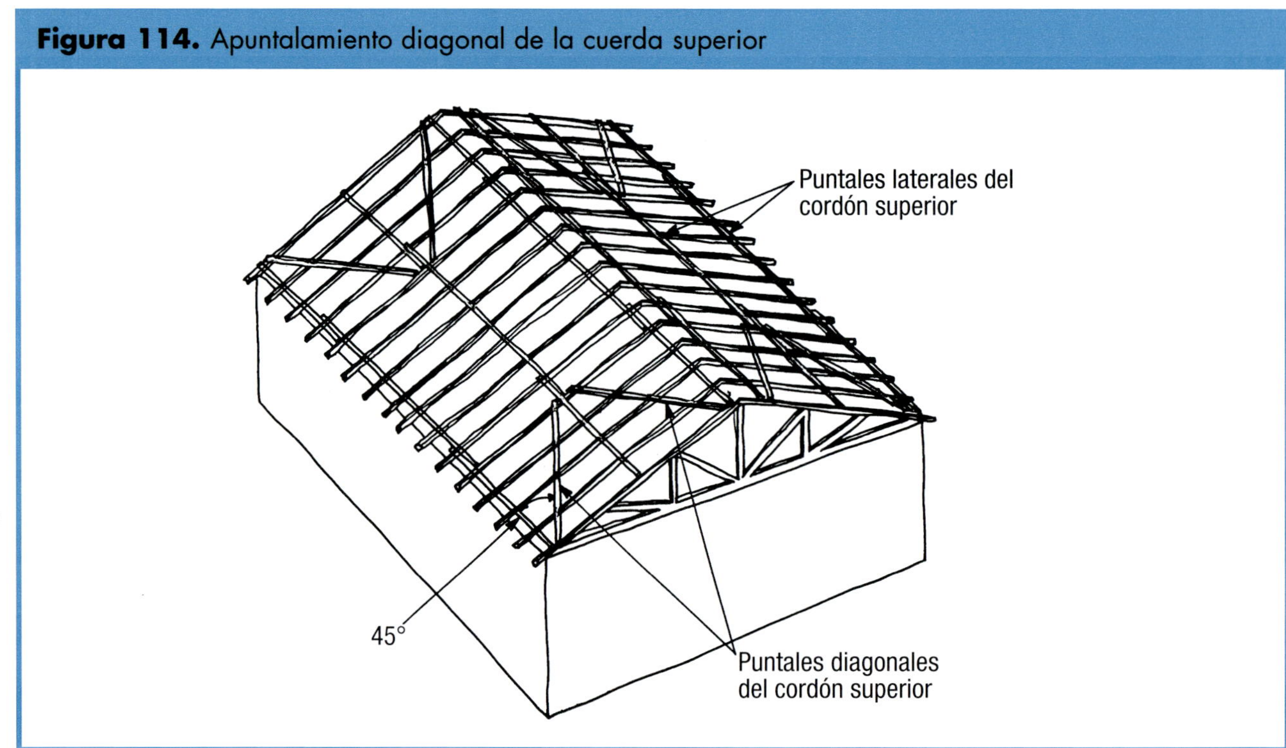

Se recomiendan los diagonales para evitar la deformación transversal hasta que se aplique el entablado. Algunos constructores colocan el puntal lateral más bajo por lo menos a 4 pies arriba para dar espacio para la primera capa de madera laminada.

superiores a 5 pies de la línea de aleros para permitir espacio para la primera fila de entablado. A menos que el entablado se instale poco después de levantar las armaduras, podría ser necesario instalar puntales diagonales en los cordones superiores para prevenir la deformación transversal del techo o el colapso de las armaduras.

Apuntalamiento del cordón inferior. Después de que la cuarta armadura esté levantada, también comience a instalar el apuntalamiento lateral en el cordón inferior (a lo largo del borde superior si los cordones inferiores tendrán tableros de yeso). Instale el apuntalamiento del cordón inferior de acuerdo al plan de apuntalamiento permanente y déjelo en su lugar. En las armaduras grandes, podría requerirse apuntalamiento diagonal para el cordón inferior en cada extremo y a intervalos de 20 pies en el centro de ambos extremos.

Apuntalamiento temporal

Apuntalamiento en cruz del alma. Después de que la cuarta armadura esté instalada, también comience a colocar apuntalamiento en cruz diagonal a las almas verticales. El apuntalamiento en cruz de las almas verticales se coloca en un patrón de X en cada extremo del edificio y cada 20 pies entre los extremos (**Figura 115**). Instale el apuntalamiento en cruz del alma de acuerdo al plan de apuntalamiento permanente y déjelo en su lugar.

Figura 115. Apuntalamiento del cordón inferior y apuntalamiento en cruz del alma

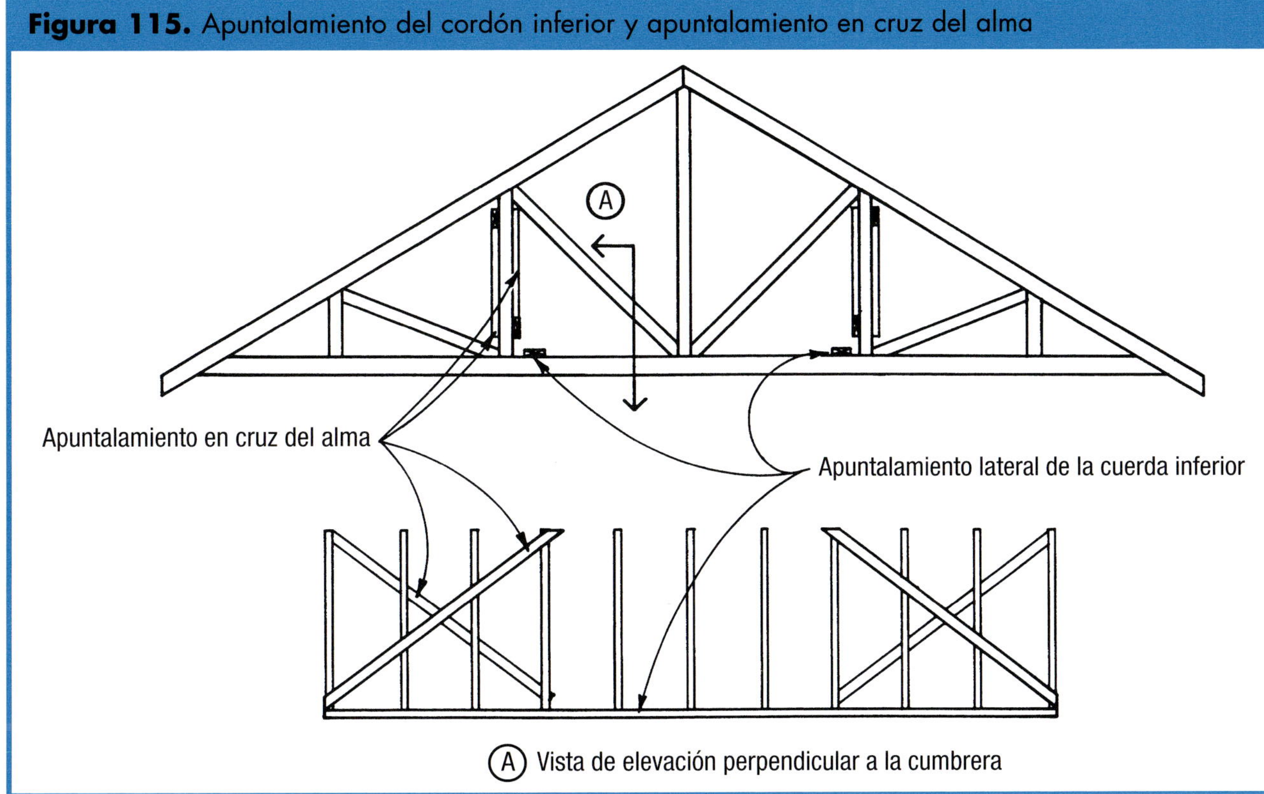

El apuntalamiento de la cuerda inferior no debe estar a más de 15 pies entre centros. Un par de puntales en cruz conectados a las almas forman un triángulo en las armaduras a cada extremo del edificio y cada 20 pies en medio. Estos puntales deben instalarse de acuerdo al plan de apuntalamiento permanente y dejarse en su lugar.

Apuntalamiento permanente de la armadura

Para que tengan un desempeño según se diseñó, las armaduras de techo requieren un apuntalamiento permanente después del ensamblado, según lo especifique el "diseñador oficial" de la obra. En caso de que no haya un arquitecto o un ingeniero, esta responsabilidad podría recaer en el contratista general.

El apuntalamiento permanente generalmente consiste de muchos de los mismos elementos del apuntalamiento temporal (vea lo anterior), la mayoría de los cuales se dejan en su lugar después de la construcción. Una excepción es cualquier apuntalamiento de los cordones superiores, el cual debe retirarse para permitir la instalación del entablado del techo. El entablado del techo entonces sirve como apuntalamiento permanente de los cordones superiores.

ARMADURAS A CUESTAS

Cuando las armaduras sobrepasan 12 a 14 pies de altura, generalmente se embarcan en dos secciones para cumplir con los límites de transporte de carreteras. Estas armaduras llamadas "armaduras a cuestas" tienen requisitos especiales de apuntalamiento. Hacer caso omiso de estos requisitos puede conducir a la falla catastrófica bajo cargas pesadas como nieve.

En especial, es crítico estabilizar los cordones superiores de las secciones de armadura inferiores con madera laminada o apuntalamiento diagonal (**Figura 116**). También podría ser necesario otro apuntalamiento permanente.

Figura 116. Apuntalamiento de armaduras a cuestas

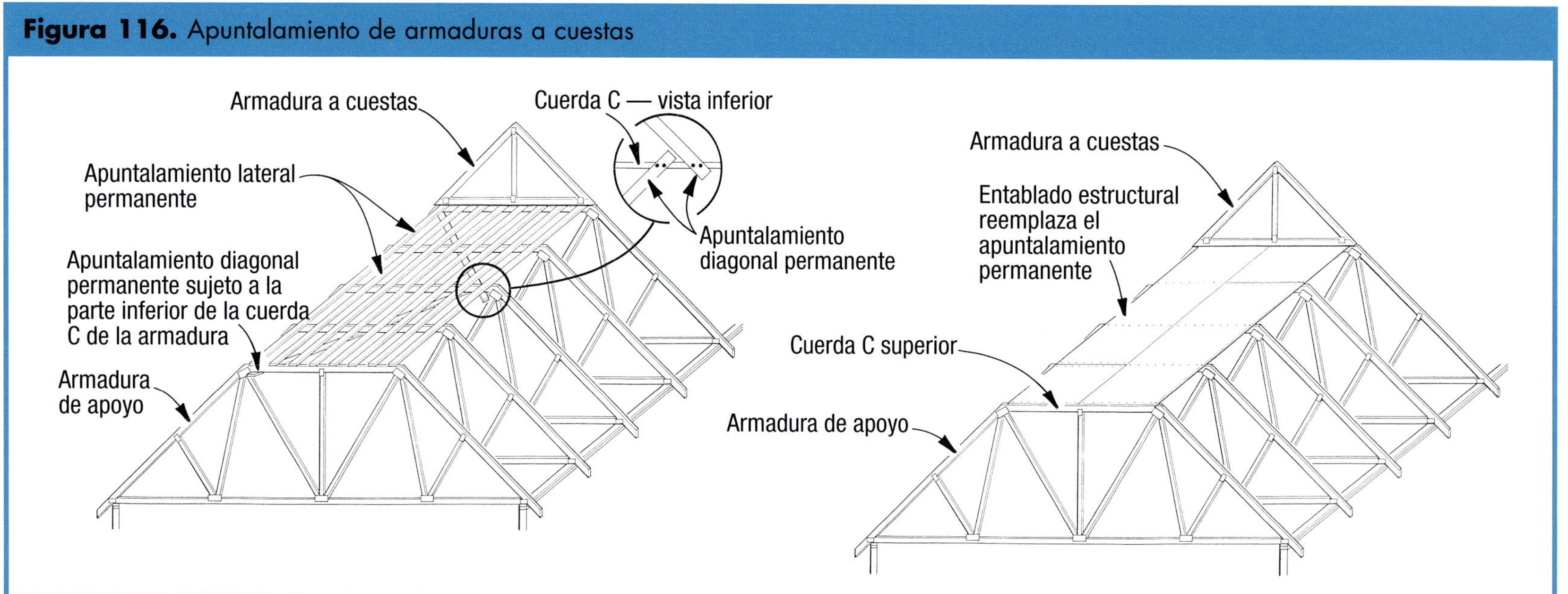

El apuntalamiento correcto de la cuerda C es vital para las armaduras a cuestas. Use apuntalamiento lateral encima y apuntalamiento diagonal debajo de la cuerda C (izquierda), o use entablado estructural (derecha). Con el clavado apropiado, el entablado actúa como un diafragma ofreciendo apuntalamiento lateral y diagonal.

LOS VIENTOS FUERTES APLICAN UNA FUERZA LATERAL FUERTE EN LAS paredes y fuerzas de levantamiento en los techos. Los terremotos también aplican fuerzas laterales fuertes, junto con sacudidas verticales y otras fuerzas dañinas. Para ayudar a los edificios en áreas afectadas a resistir estas fuerzas, los códigos requieren que tengan suficiente resistencia contra los esfuerzos cortantes y un recorrido continuo de "sujeción" del techo a la cimentación (**Figura 117**). Los conectores de metal generalmente se requieren en los puntos débiles entre la cimentación y el primer piso, en los cambios de nivel y en donde las paredes superiores se unen a los techos. Los detalles y el equipo necesarios son similares tanto en zonas sísmicas y de vientos fuertes.

Figura 117. Recorridos sujetadores

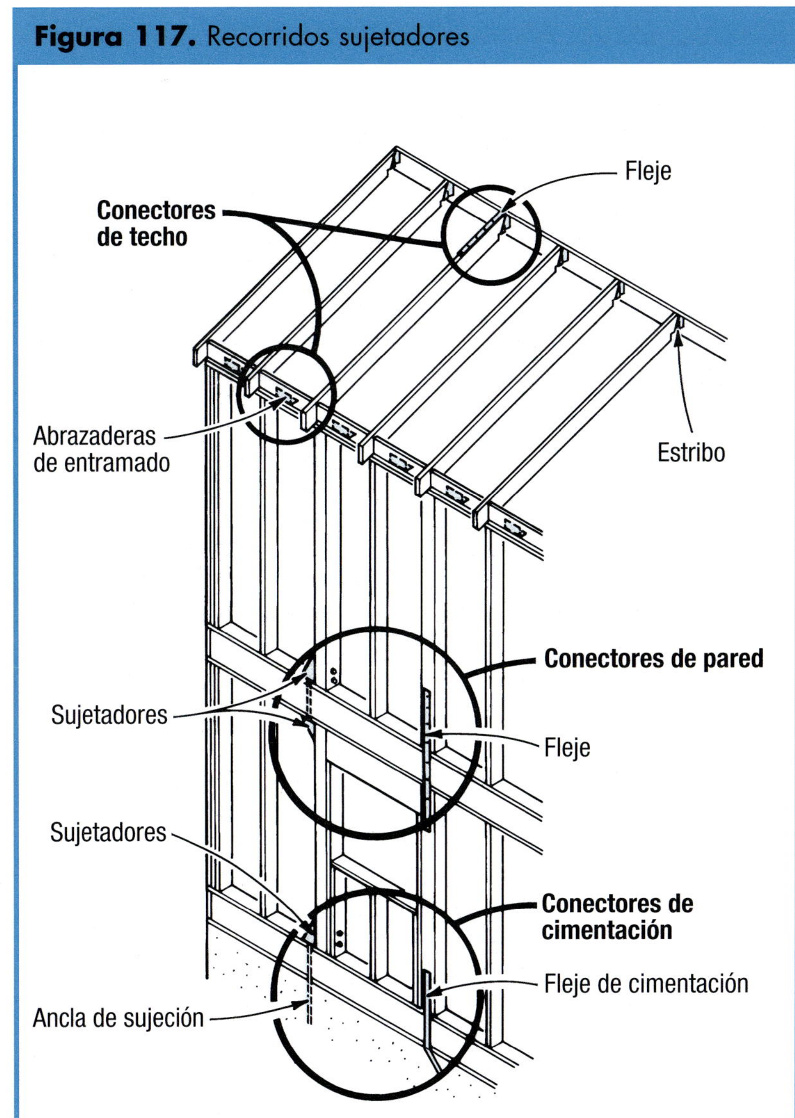

Una variedad de conectores de metal se usan para atar la estructura de una casa y crear un recorrido de sujeción continuo del techo a la cimentación

Muros cortantes

MUROS CORTANTES

La madera laminada continua a través de los planos de los muros y los programas de clavado más estrechos son elementos cruciales de diseño estructural para las áreas sísmicas y de vientos fuertes.

Clavado en el muro cortante

Los muros cortantes están diseñados para resistir sacudidas. Tanto los muros cortantes interiores como los exteriores tienen programas de clavado rigurosos, con los clavos espaciados sólo 2 a 3 pulg en el borde de los paneles (**Figura 118**, página siguiente). Los clavos deben mantenerse a 3/8 pulg de los bordes de los paneles de entablado y a 3/8 pulg de los bordes de los miembros de entramado. Además, deben estar en zigzag verticalmente (**Figura 119, página 71**).

Los tipos de clavos y los tamaños también están especificados. Aunque pueden usarse clavos galvanizados, tienen un valor de corte menor y se requieren clavos más largos y con menor espaciamiento.

La cabeza de los clavos debe ser lo suficientemente grande y no debe clavarse de más (**Figura 121, página 71**).

ENTRAMADO: Apuntalamiento contra sismos y contra vientos

Figura 118. Detalles típicos de muro cortante

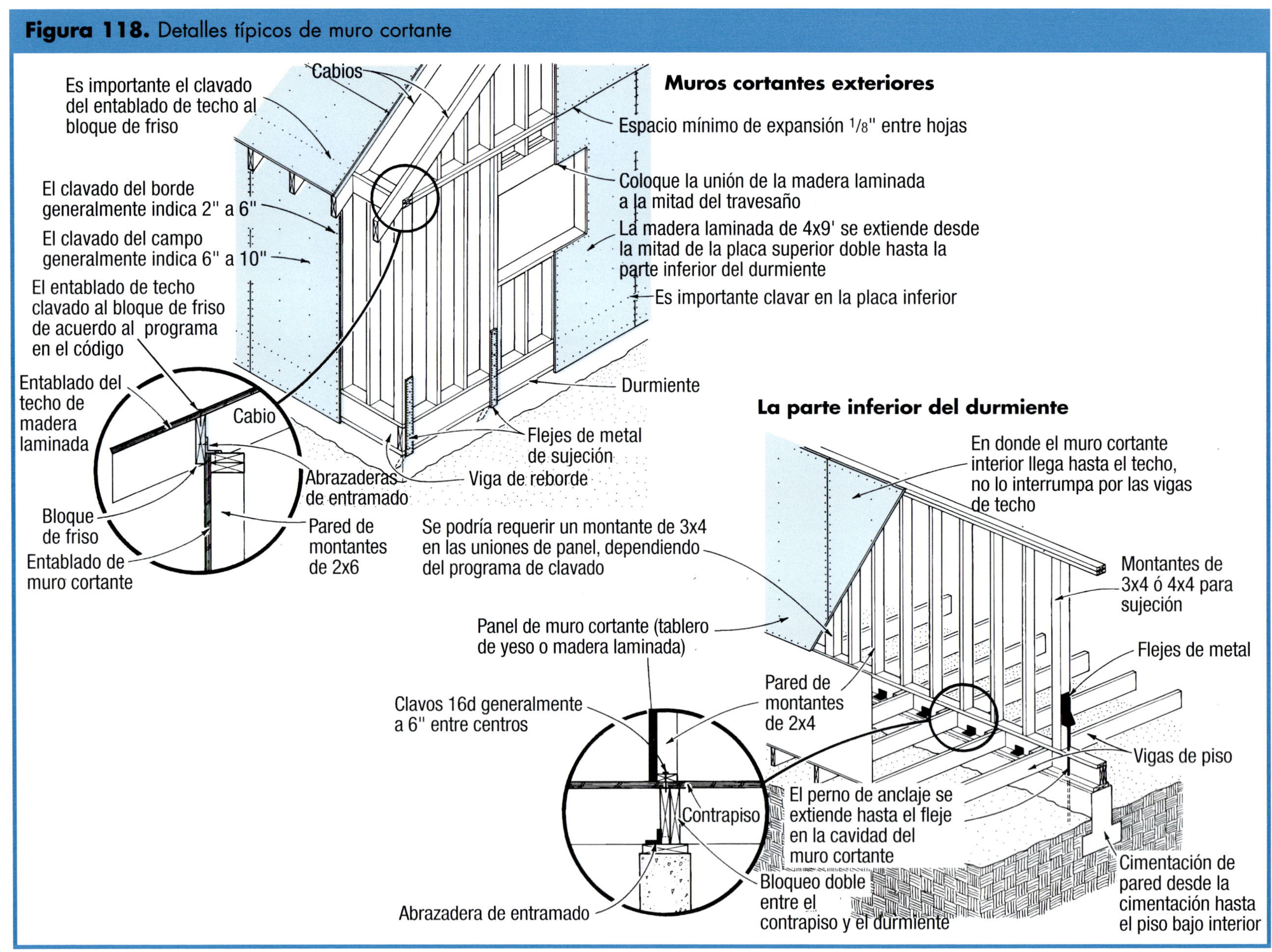

Clavado de muro cortante

Figura 119. Clavado correcto para las uniones de los paneles de muro cortante

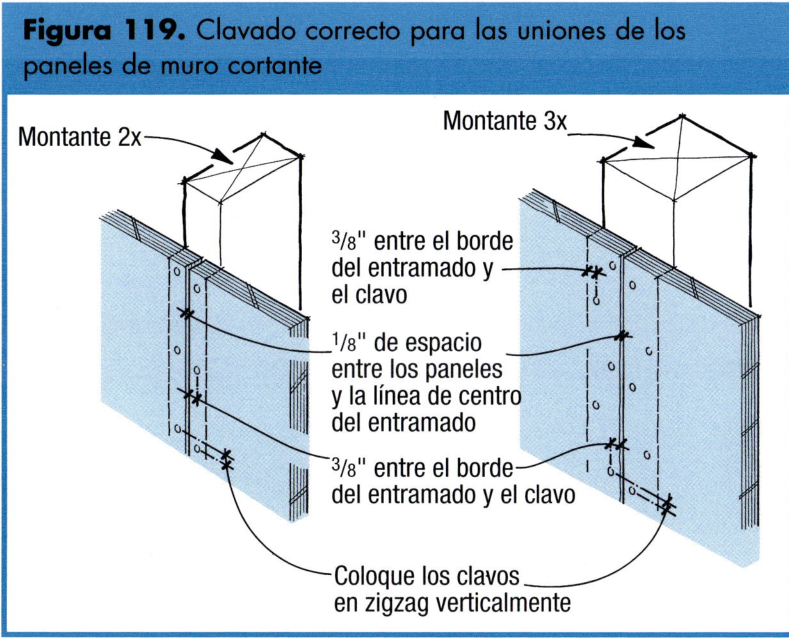

En donde los paneles de corte terminan en un montante (izquierda), coloque los clavos a 3/8" del borde del panel y a 3/8" del borde del entramado. En donde los clavos están espaciados más cerca de 6" entre centros, el código ahora requiere un mínimo de 3 por entramado.

Figura 120. Límites de los muros cortantes

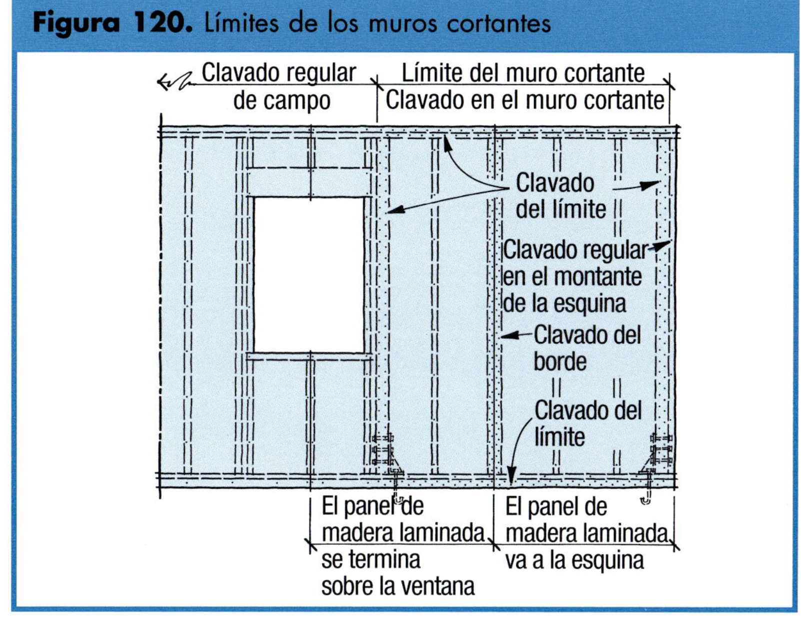

En donde los bordes de la madera laminada quedan dentro del límite del muro cortante, se requiere un entramado de 3x para evitar la rajadura debido al patrón de clavado con clavos muy cerca uno del otro. Sin embargo, en donde la madera laminada queda fuera del límite del muro cortante, como en la abertura de una ventana, se permite el clavado regular de entablado.

Figura 121. Colocación de clavos

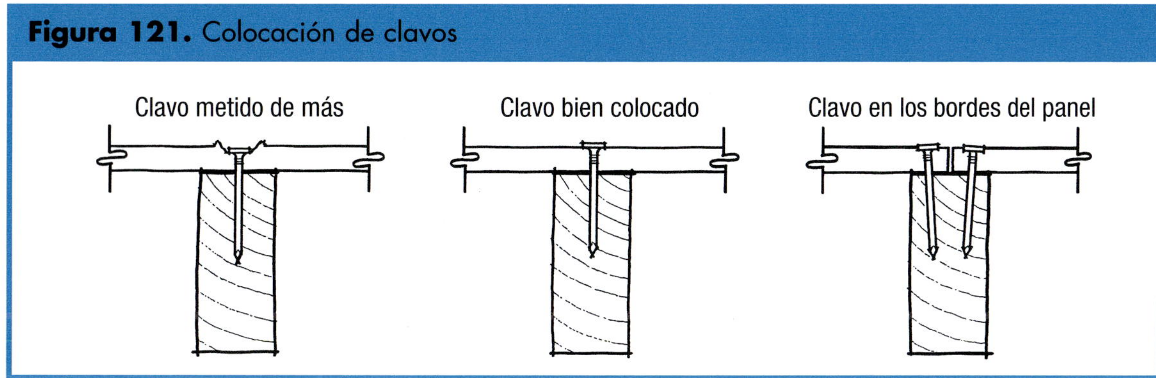

Un clavo que rompe las capas externas del panel (primero a la izquierda) tiene menos resistencia de corte. Un clavo bien colocado debe estar asentado de modo ajustado en la parte superior de la madera laminada (centro) o ligeramente sumido en la hoja externa. Cuando los paneles terminan en un montante, coloque los clavos a un ángulo leve para garantizar el empotramiento apropiado en el entramado (cerca a la izquierda).

Figura 122. Instalación de sujetadores

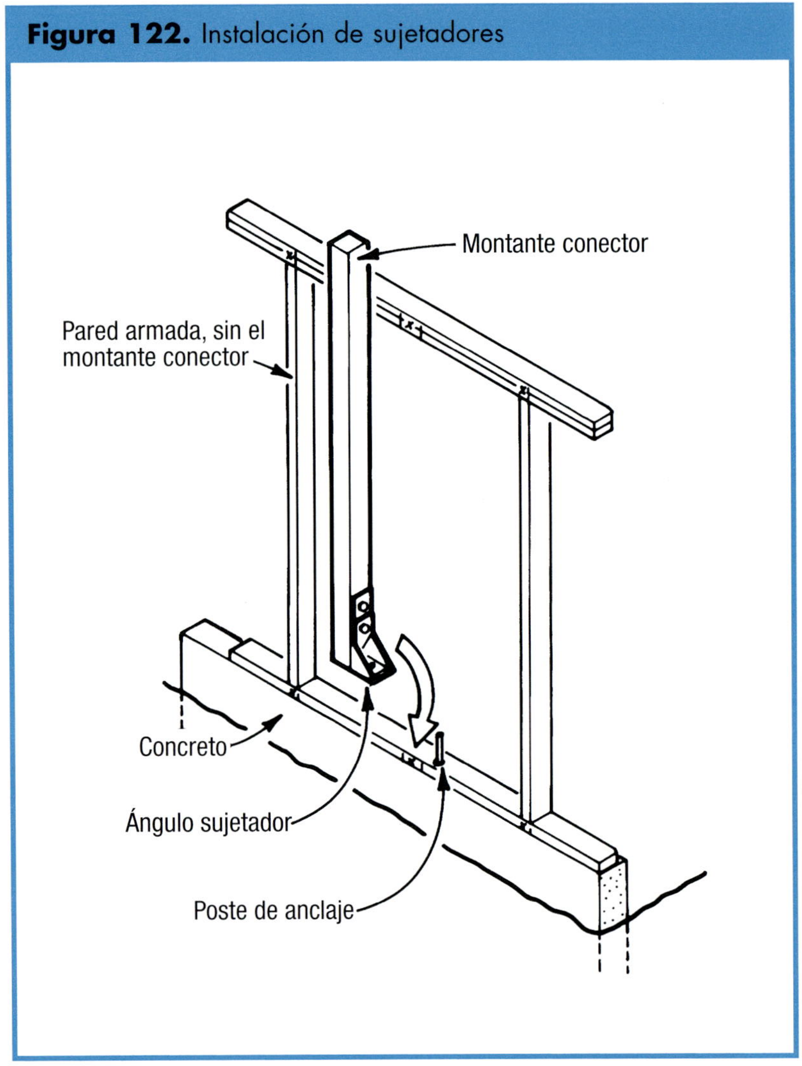

Cuando sea posible, puede simplificarse el trazado con pernos de anclaje si no se colocan los montantes que conectan a los sujetadores hasta después de que las paredes se hayan levantado. (Nota: Esto no es adecuado cuando los sujetadores están adheridos a las esquinas y los postes principales en las aberturas.)

Figura 123. Pernos de anclaje que no están a plomo

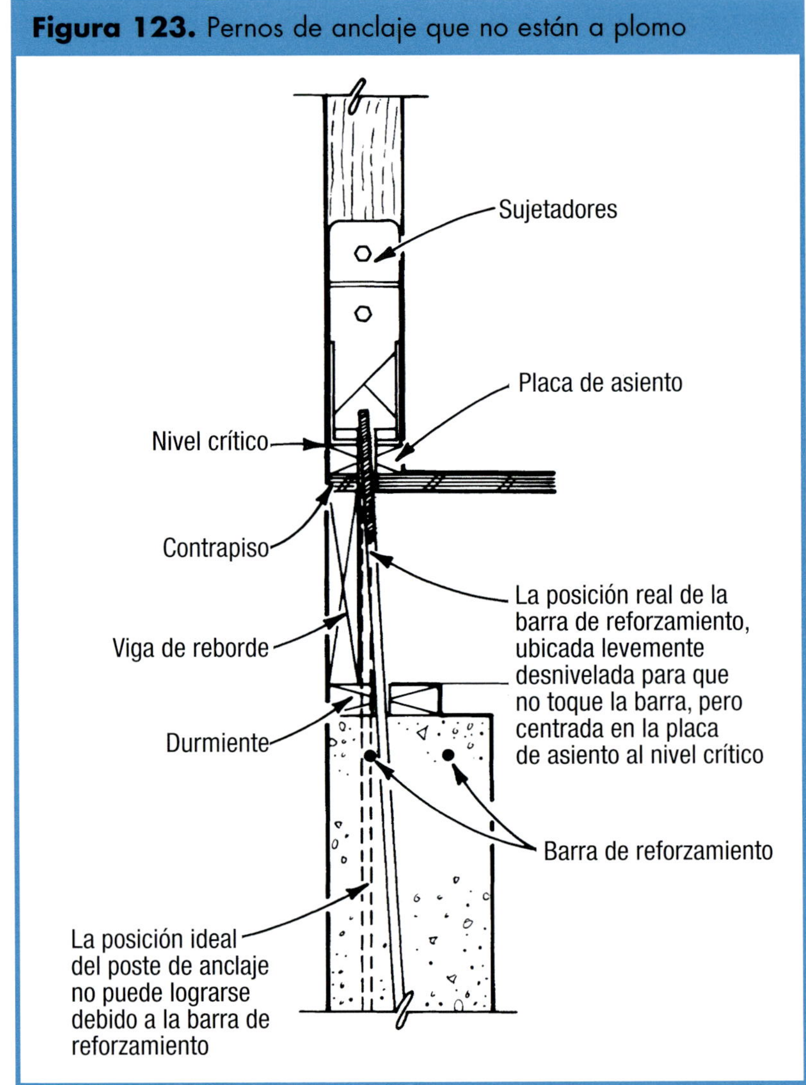

Un perno de anclaje puede estar ligeramente fuera de plomo si la barra de refuerzo está en su camino. Esto no afectará la resistencia del sujetador, pero asegúrese que el extremo superior del perno esté centrado cuando emerja de la placa de asiento.

Bloqueo de muros cortantes

Debido a que las fuerzas cortantes se transfieren en los bordes de los paneles, todos los bordes de la madera laminada y otros paneles de entablado deben estar clavados a un bloqueo sólido. Muchos constructores usan paneles de madera laminada de 4x9 ó 4x10 instalados verticalmente (**Figura 118, página 70**).

En donde se unen los paneles de entablado, cada borde debe tener por lo menos 1/2 pulg de apoyo en el montante, placa u otro miembro al que esté clavado. En donde el corte de diseño sobrepasa 350 lbs por pie (típicamente, en donde los clavos están espaciados a menos de 6 pulg entre centros), el Código de Construcción Uniforme exige como mínimo madera 3x en la unión. La mayoría de los constructores usan 4x4s (**Figura 120, página 71**).

ANCLAJE A LA CIMENTACIÓN

Anclaje a la cimentación

Todos los muros cortantes deben estar sujetos mecánicamente a la cimentación con sujetadores de metal, flejes de metal, pernos de ancla no muy espaciados o alguna combinación de los mismos.

Sujetadores

Estos soportes en forma de L se adhieren a los postes de ancla (pernos de ancla) empotrados en la cimentación. Para los montantes en un muro sin aberturas, con frecuencia es mejor instalar los montantes que se conectan a los sujetadores después de que se levanta el muro (**Figura 122**).

En donde los postes de ancla se conectan a un montante de esquina o a un lado de una abertura del muro, deben ubicarse con precisión. Si es posible, sujete con alambre los postes de ancla directamente a la barra de reforzamiento. Si la barra de reforzamiento está estorbando, podría ser necesario instalar el poste de ancla ligeramente fuera de plomo (**Figura 123**).

Flejes de anclaje

Estos flejes de metal empotrados en el concreto se clavan o atornillan a la cara del montante. Debido a que generalmente no

Figura 124. Conexiones de piso a piso

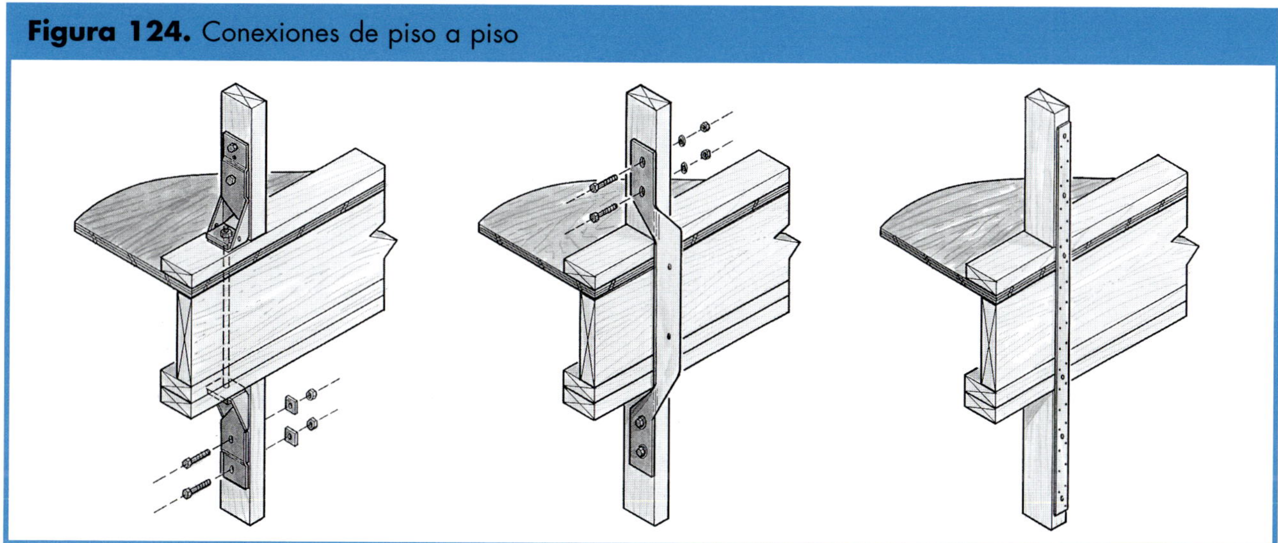

Para proporcionar un recorrido de carga seguro entre pisos, los ingenieros especifican sujetadores de pernos, con el inferior de cabeza (izquierda), o correas que se aseguran con pernos (centro) o que se clavan a los montantes (derecha).

es necesario taladrar, son más fáciles de instalar que los sujetadores. Sin embargo, podrían tener cargas de diseño significativamente más bajas. Además, los montantes a donde se clavan podrían rajarse bajo el clavado intenso que es necesario. Si es así, reemplace el montante con uno doble o con un miembro 4x.

CONEXIONES DE PAREDES APILADAS

Existen varias maneras de reforzar la conexión entre pisos (**Figura 124**). La manera más común para trabajar en zonas sísmicas usa un par de sujetadores con una barra roscada grande entre ellos. Otras maneras usan flejes clavados directamente a los montantes o a través del entablado. En todos los casos, los montantes deben estar alineados entre los pisos. Con los flejes de metal, algunos constructores usan 4x4s porque son menos propensos a rajarse con el gran número de clavos que son necesarios.

Figura 125. Conexiones de los aleros

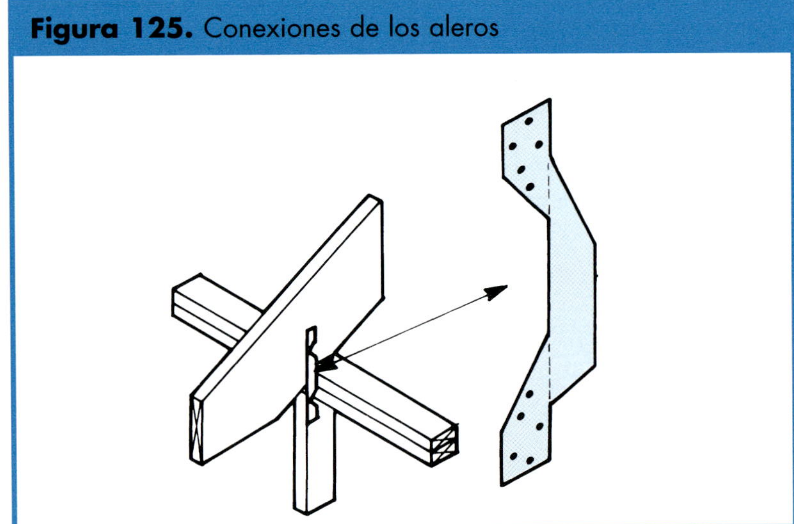

Clavar cabios a las placas y placas a los montantes no siempre es suficiente para resistir los vientos fuertes. Algunos códigos piden que se usen anclas de clasificación para huracán de manera adecuada o sujetadores de cabio a intervalos de 4 pies en áreas de vientos fuertes.

CONEXIONES DE TECHO

Los vientos pueden aplicar fuertes fuerzas de levantamiento. Los techos con poca inclinación o voladizos grandes son más susceptibles a estas fuerzas. Los programas de clavado requeridos como mínimo por los códigos son rara vez adecuados para resistir estas fuerzas. Con frecuencia es necesario añadir amarras de viento, anclas contra huracanes u otros conectores de acero en las conexiones en los aleros, y esto es un buen seguro en zonas de vientos fuertes.

Ganchos de entramado

Un detalle común en las zonas sísmicas es el conectar el bloque de friso a la placa doble superior con un gancho metálico de entramado (**Figura 118, recuadro del muro exterior, página** 70). Éstas deben instalarse antes del entablado del techo.

Anclas contra huracanes

En zonas de vientos fuertes, podrían necesitarse sujetadores contra huracán o amarras de cabio para conectar los cabios o las armaduras a las placas superiores (**Figura 125**). Igual que con todos los conectores clasificados, debe seguirse el programa de clavado del fabricante.

Conexiones de las cumbreras

También podrían necesitarse conectores de acero para reforzar las conexiones de los cabios en la cumbrera (**Figura 117, página 69**). Éstos pueden consistir de estribos de viga instalados en la viga de la cumbrera o flejes de acero clasificado colocados a lo ancho de la parte superior de los cabios opuestos. Al igual que con otros conectores de fleje, clavar en material 2x podría ser un problema debido al número de sujetadores.

Los códigos de energía se concentran en los detalles de sellado de aire, barreras de vapor y valores estándar del aislamiento a través de la casa. Las buenas prácticas de entramado ayudan a garantizar que haya una cantidad adecuada de aislamiento en todas las esquinas de la cáscara exterior. Además, las pequeñas alteraciones en la práctica pueden facilitar la instalación de una barrera de aire/vapor continua dentro de la casa, según lo requieren la mayoría de los códigos de energía de Estados Unidos.

SELLADO DE LA VIGA DE REBORDE

La viga de reborde es una de las grandes fuentes de fugas de aire en una casa de entramado de madera. Sin embargo, es uno de los lugares más difíciles de sellar de manera eficaz.

Sellado de la viga de roborde

La manera más común de tratar esta difícil área es sellarla y aislarla después del entramado (**Figura 126**). No sólo meta la fibra de vidrio en cada claro de la viga. Deben usarse tablas de aislamiento de espuma, bien selladas en los cuatro lados, para detener el flujo de aire y vapor.

Cuando esto se hace minuciosamente, rellenar de espuma cada claro de las vigas es un trabajo que toma tiempo, así que es más fácil trabajar en esta área durante el entramado moviendo las placas de pared (**Figura 127**). Esto proporciona una cavidad de 1 1/2 a 2 pulg para colocar tiras de tabla de aislamiento de

Figura 126. Aislado de la viga de borde

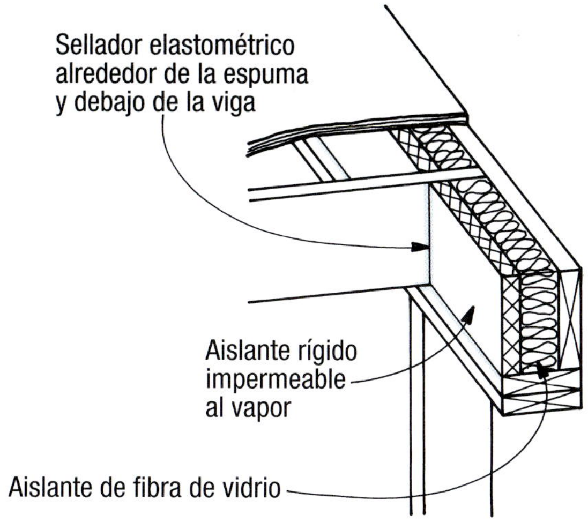

El aislante de fibra de vidrio solo no es suficiente para detener el escape del aire a través de la viga de borde. Use piezas de tabla de aislante de espuma sobre bloques de fibra de vidrio, ajustando la espuma bien y sellando los bordes alrededor. También selle debajo de cada viga en donde se asienta sobre la placa.

Figura 127. Placas desplazadas

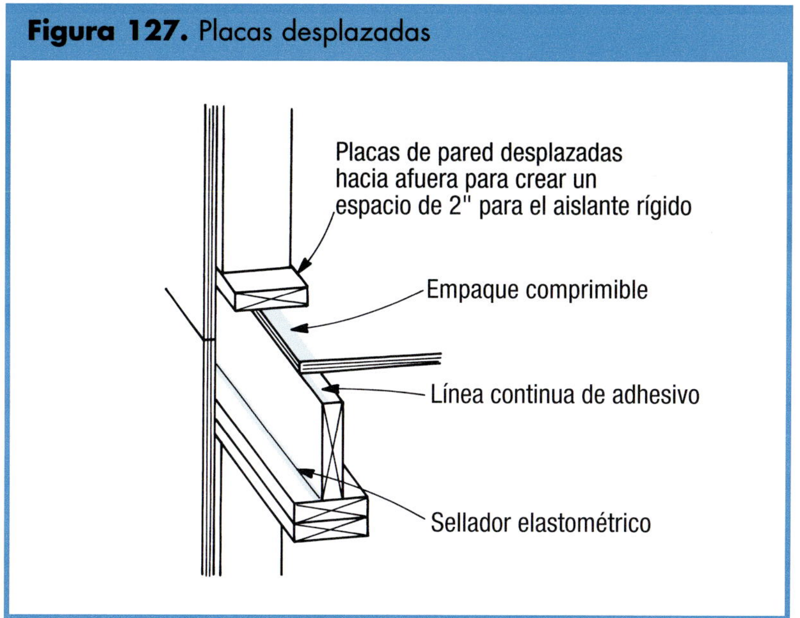

Mantener la viga de borde tibia es crítico en climas fríos en donde la condensación puede acumularse en un entramado frío. Se hace mejor desplazando las placas de pared para proporcionar un canal para la tabla de aislante alrededor del perímetro.

Figura 128. Canales de pared interior

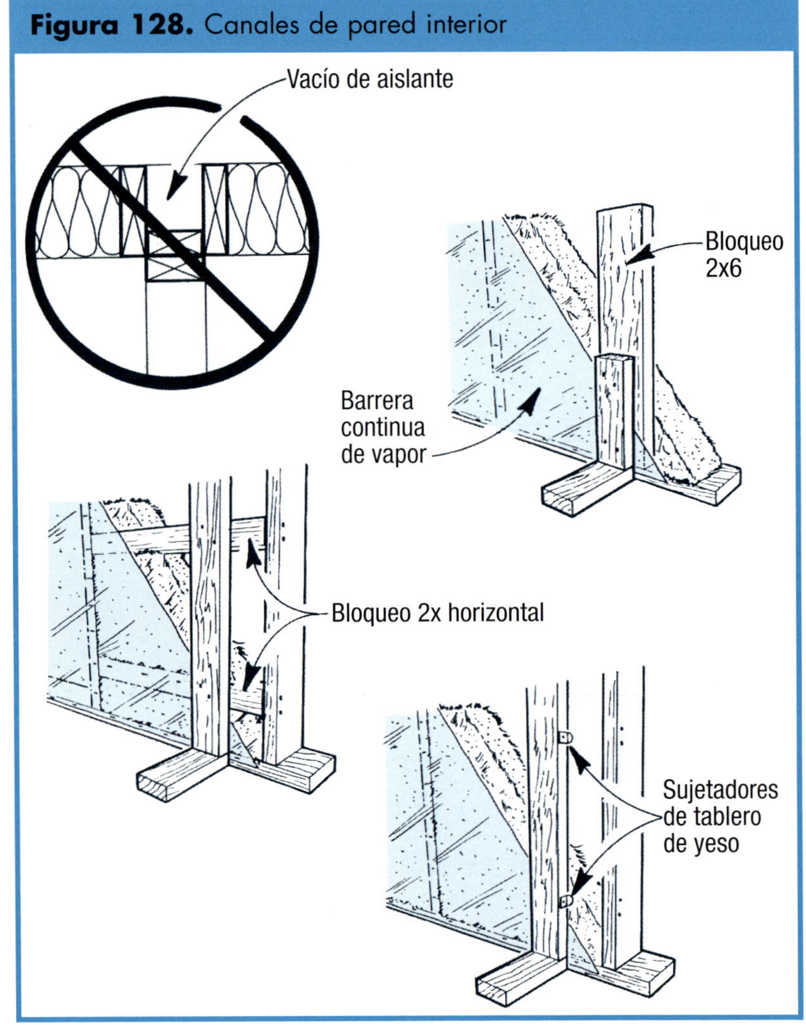

Es imposible aislar los canales divisorios convencionales si las paredes se han entablado (ilustración superior izquierda). Las otras opciones de canales que se muestran aquí no sólo permiten que el área se aísle, sino que hace más fácil la instalación de una barrera continua contra el aire/vapor según requieren la mayoría de los códigos de construcción.

Figura 129. Tabiques riostras

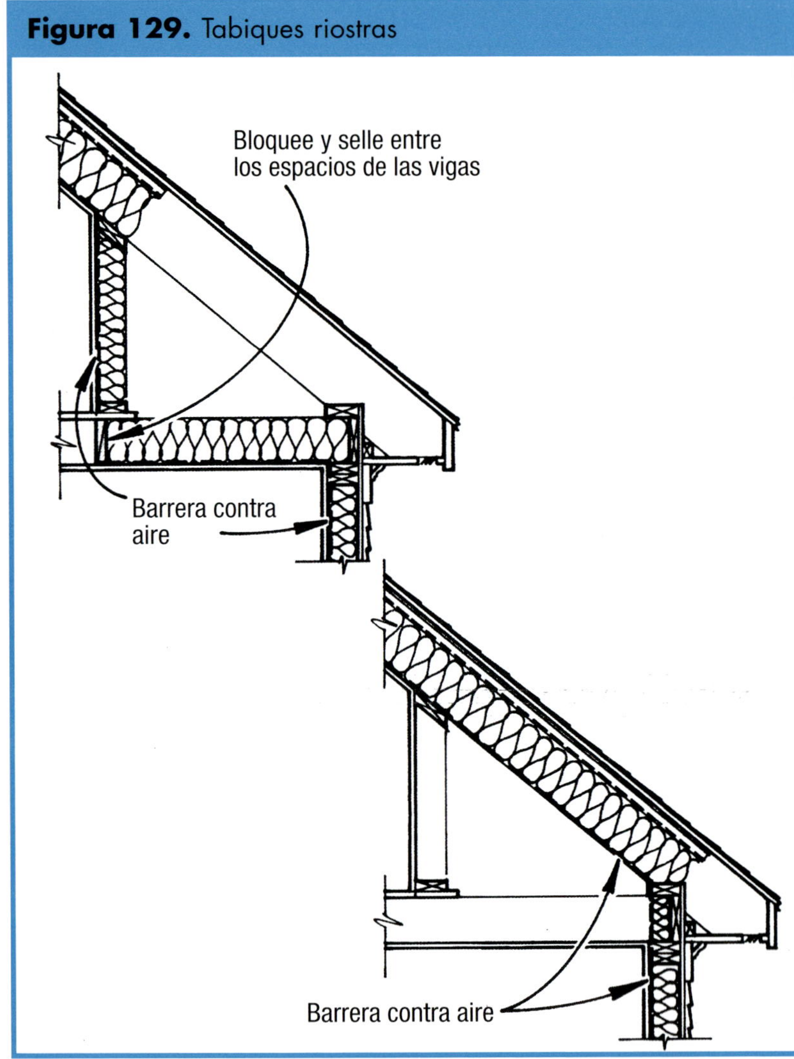

Cuando se construyan tabiques riostras, asegúrese de que haya una barrera continua contra el aire en el lado caliente del asilante. Si se trata antes de que el tabique riostra esté armado, es más fácil aislar a lo largo del techo y a la pared exterior (encima), en lugar de a lo largo del techo (superior).

espuma. Selle la esquina entre la viga cumbrera y la placa inferior con calafate de uretano y aplique tiras continuas de adhesivo de construcción cuando instale el entablado del piso y las paredes exteriores.

CANALES DIVISORES

Los canales divisorios interiores en las paredes de entramado con frecuencia forman cavidades, las cuales son inaccesibles una vez que las paredes exteriores están entabladas. La **Figura 128** muestra varias maneras como pueden detallarse los canales de pared para proporcionar un espacio de aislamiento fácilmente accesible. Para proporcionar una barrera continua contra el aire y el vapor en las paredes exteriores, aísle e instale una barrera de vapor de polietileno antes de colocar las paredes interiores.

SELLADO DE TABIQUES RIOSTRAS

Los tabiques riostras en una casa tipo "Cape" de piso y medio con frecuencia crean espacios en el aislamiento o en la barrera contra aire y vapor. Existen dos maneras comunes de aislar el área de los tabiques riostras (ambas se muestran en la **Figura 129**).

Siga la pared y el piso. La manera más difícil es aislar el tabique y el piso del área del tabique de riostra. Instale una barrera de polietileno contra aire y vapor sobre el aislamiento del tabique, así como en el área del cielo raso de abajo, adhiriéndolo con cinta a un bloque de aire (la espuma con cara de aluminio funciona bien) entre las vigas justo debajo del tabique.

Siga el techo. Una manera más fácil de manejar los tabiques es aislar el techo hasta la pared exterior, incluyendo una barrera continua contra el vapor en la cara interior de los cabios, y después construir los tabiques. Esto funciona especialmente bien si la cavidad del tabique se usará para almacenaje. Sin embargo, en este caso es crucial que la viga de reborde también esté sellada usando una tabla de aislamiento de espuma.

SELLADO DE VOLADIZOS

Muchas casas de estilo colonial tienen una sección del segundo piso en voladizo sobre la pared del primer piso. Sin la atención correcta, éste área puede perder mucho calor.

Sellado de canales, tabiques riostras, y voladizos

Vigile la barrera. Durante la construcción, trate los pisos en voladizo como si fueran una transición de tabiques de riostras al piso, pero instale la barrera contra vapor en el contrapiso del segundo piso (**Figura 130**). En donde la barrera de aire de polietileno de la pared se une al piso, adhiera con cinta el plástico a la madera laminada. Después selle todas las uniones en el contrapiso de madera laminada con cinta o calafate, de esa manera, la función de la madera laminada será la de una barrera de aire eficaz en el lado caliente del aislamiento.

Figura 130. Voladizos

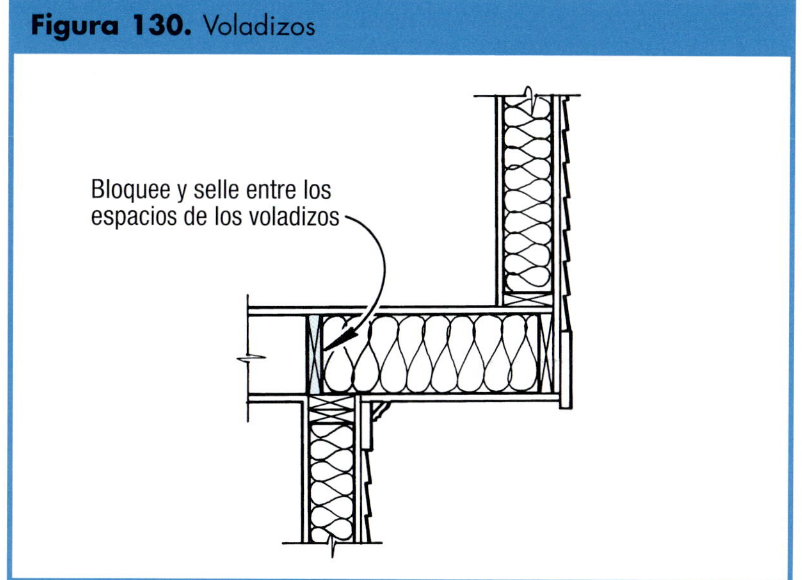

Las secciones de piso en voladizo pueden perder mucho calor a menos que se añada un bloqueo contra aire (bloqueo 2x o bloques de espuma rígida) en el espacio de la viga encima de la placa superior del primer piso.

Bloquee el flujo de aire en el piso. Entre las vigas de piso en voladizo, llene los espacios completamente con aislamiento de fibra de vidrio o celulosa. Después instale aislamiento rígido de espuma con cara de aluminio en los espacios en donde las vigas se apoyan en la pared del primer piso y selle los bordes en donde la espuma se une al entramado con calafate o espuma. Coloque cinta en la unión en donde el polietileno de la cara de la pared del primer piso se une a la espuma entre las vigas.

SELLADO DE PAREDES DE ARMAZÓN PROVISIONAL

Los muros de gabalete de los extremos y las paredes delanteras de buhardilla de cobertizo con frecuencia tienen armazón provisional. En estas situaciones, el aire caliente entra a la pared a través de un inserto, tal como un tomacorriente eléctrico o incluso una grieta alrededor del zócalo y el tablero de yeso en la parte inferior de la pared. El aire tibio sube en la cavidad del montante como humo por una chimenea, escapa al ático frío y sale por las ventilas del techo. Pero incluso en donde no hay insertos en la pared, el aire frío del ático descenderá en la cavidad del montante en donde se calentará por la pared y subirá otra vez al ático. Este tipo de *círculo de convección* saca el calor de la casa.

Para evitar este tipo de pérdida de calor, instale un bloqueo de pared en línea con las vigas del techo (**Figura 131**).

Figura 131. Paredes de armazón provisional

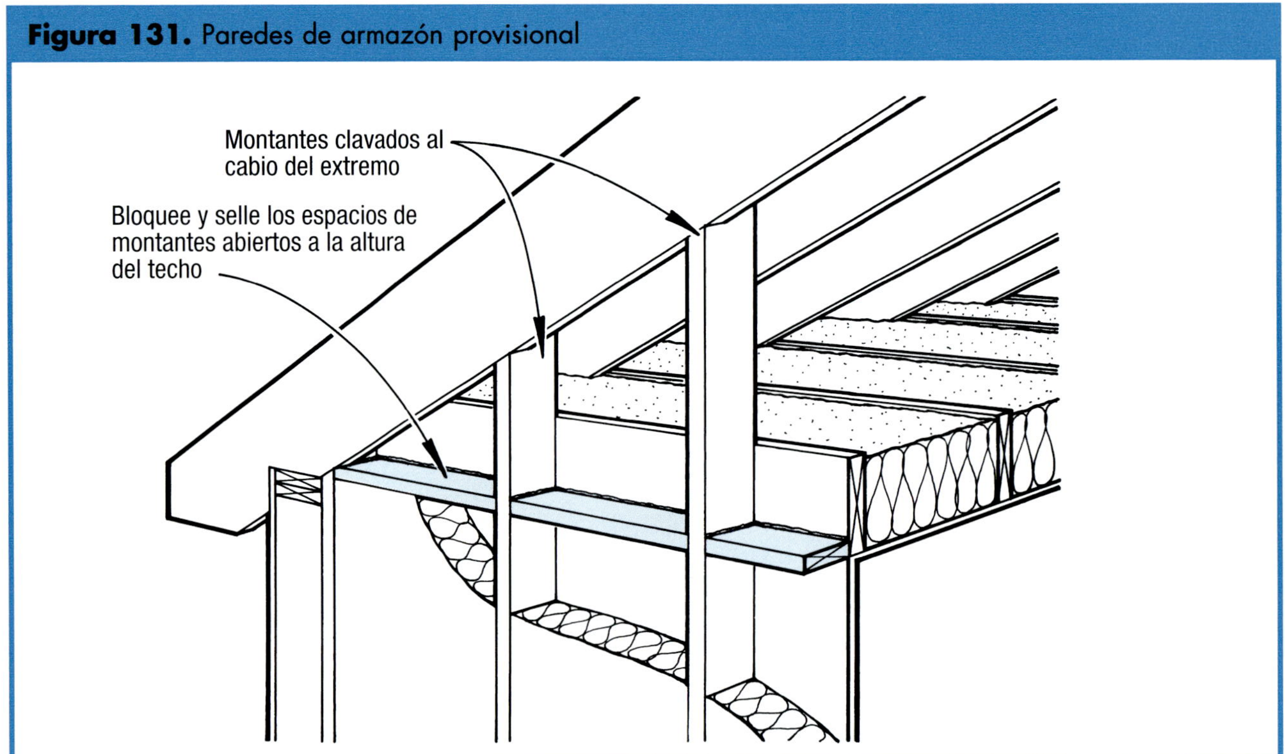

Las paredes exteriores de armazón provisional siempre deben estar bloqueadas para evitar el movimiento de aire convectivo al ático.

SELLADO DE LAS SALIENTES DE ENTRAMADO

Los techos de ceja de ventana de buhardilla, los techos de las ventanas miradoras, de tejadillo falso y otras salientes de la pared o las líneas de techo se construyen en ocasiones antes de construir su entablado. Esto permite que el aire penetre las paredes exteriores y salga del edificio.

Para evitar estas pérdidas de calor, siempre entable las paredes exteriores y después sujete el entramado adicional a una traviesa (**Figura 132**).

OPCIONES DE TECHOS TIPO CATEDRAL

Los techos tipo catedral deben tener el aislamiento adecuado (R-38 a R-40 en climas fríos) y ventilación, pero puede ser todo un desafío proporcionar ambos en el espacio provisto por un cabio típico de 12 pulg.

Techos calientes contra techos fríos

La mayoría de los códigos requieren que los techos nuevos tengan flujo de aire de los aleros a las cumbreras. Esto se llama *techo frío* porque mantienen el lado interior del entablado frío en el invierno. En un clima donde se usa la calefacción, el flujo de aire por debajo del entablado evita la acumulación de humedad interior y la formación de cortinas de hielo. En un clima donde se usa la refrigeración, la ventilación alivia la acumulación de calor.

Los techos tipo catedral que no tienen ventilación se conocen como *techos calientes*, y por lo general dependen de la barrera bien sellada contra aire y vapor para mantener la humedad fuera del techo. Los sistemas de techo de espuma sólida, que usan paneles de revestimiento resistente o espuma vertida con aspersor, son buenas alternativas para el techo caliente. Sin embargo, muchos funcionarios para el cumplimiento de los códigos no permiten estos techos. Las opciones de techos tipo catedral que se muestran en este manual son todas opciones para techos fríos.

Sellado de muros de gabalete

Techos tipo catedral

Figura 132. Techos de ceja de ventana de buhardilla

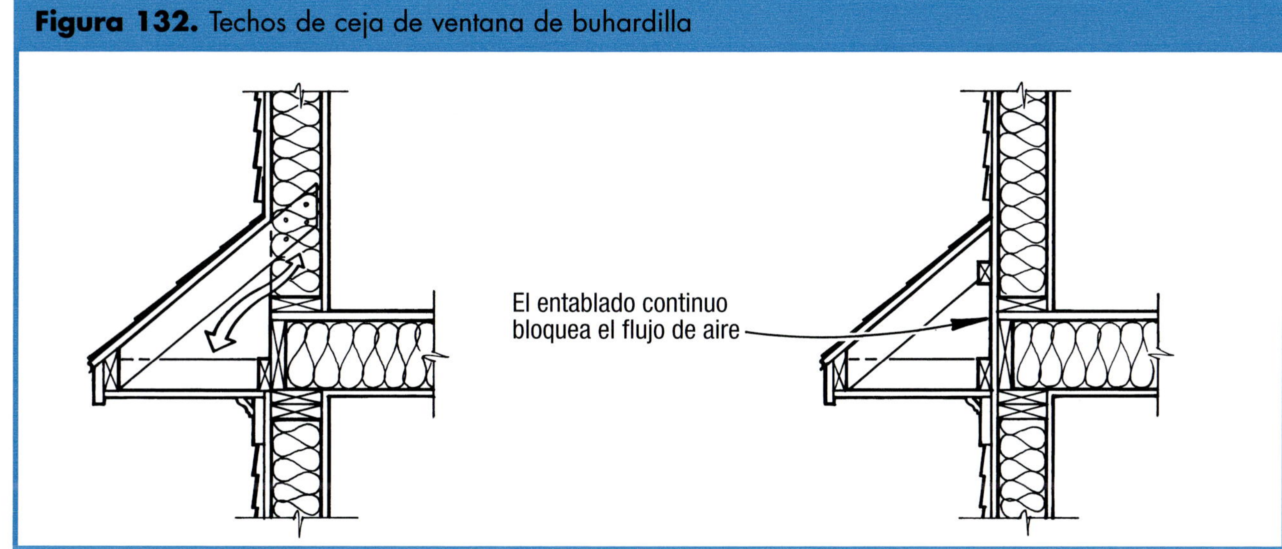

Cuando se construye un techo de ceja en una buhardilla de cobertizo, entable primero las paredes exteriores, y después sujete la cola del cabio al andamio (izquierda).

A. Si se aplica láminas de espuma revestidas de papel aluminio a las partes inferiores de los cabios de 2x, se aumentará el valor R del cielo raso y se creará una barrera térmica. Pegue con cinta las uniones entre las láminas de espuma para reducir el movimiento de aire y vapor a la cavidad del techo.
B. Cuelgue 2 x 3s de los cabios, usando cartelas de madera laminada para crear el espacio más amplio posible para el aislamiento de celulosa soplada.
C. Se puede crear espacio adicional para aislamiento clavando oblicuamente 2x3s en forma transversal a los extremos de los cabios, lo cual también proporciona una barrera térmica.

Figura 133. Opciones de techo tipo catedral

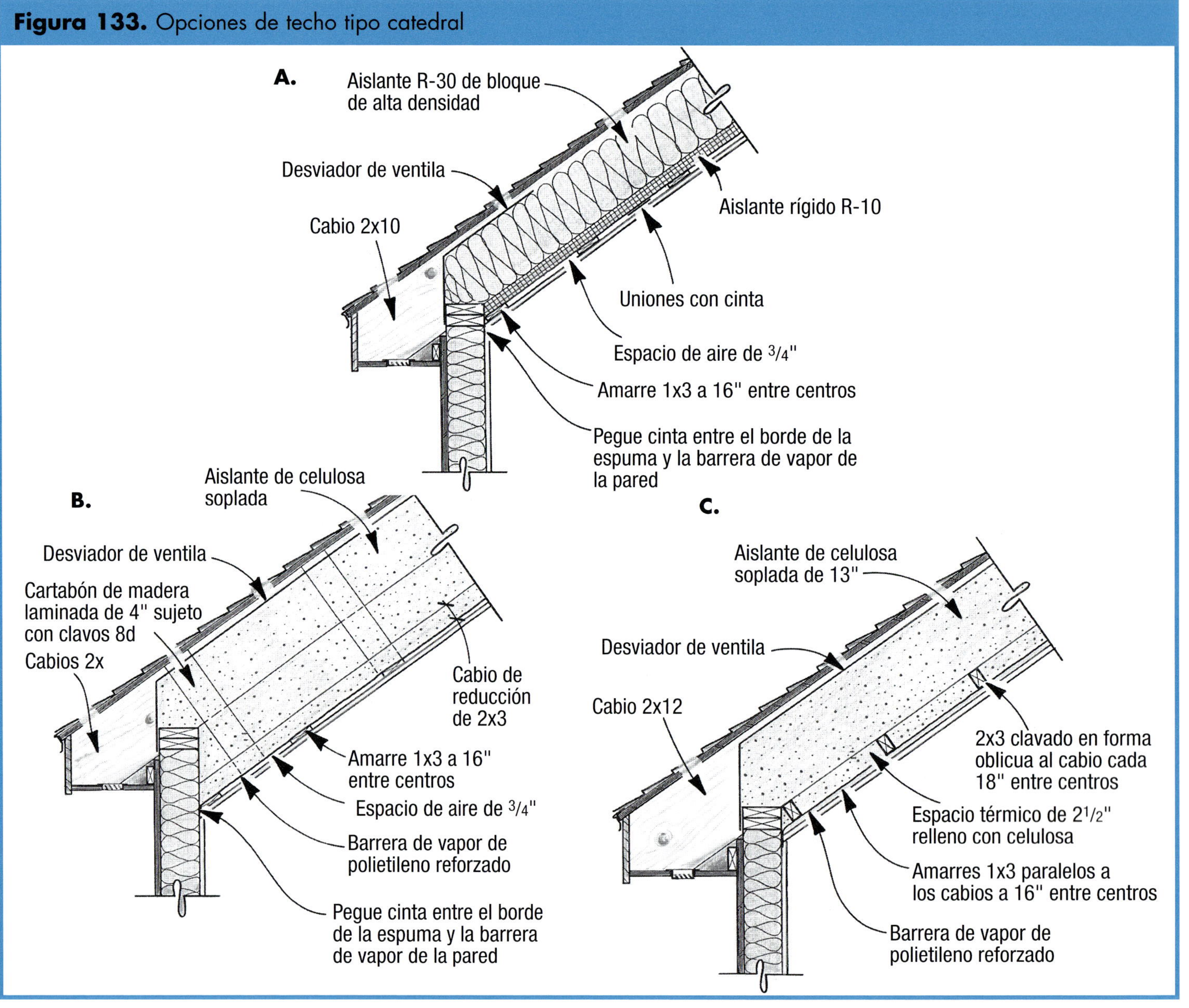

Figura 133. Opciones de techo tipo catedral

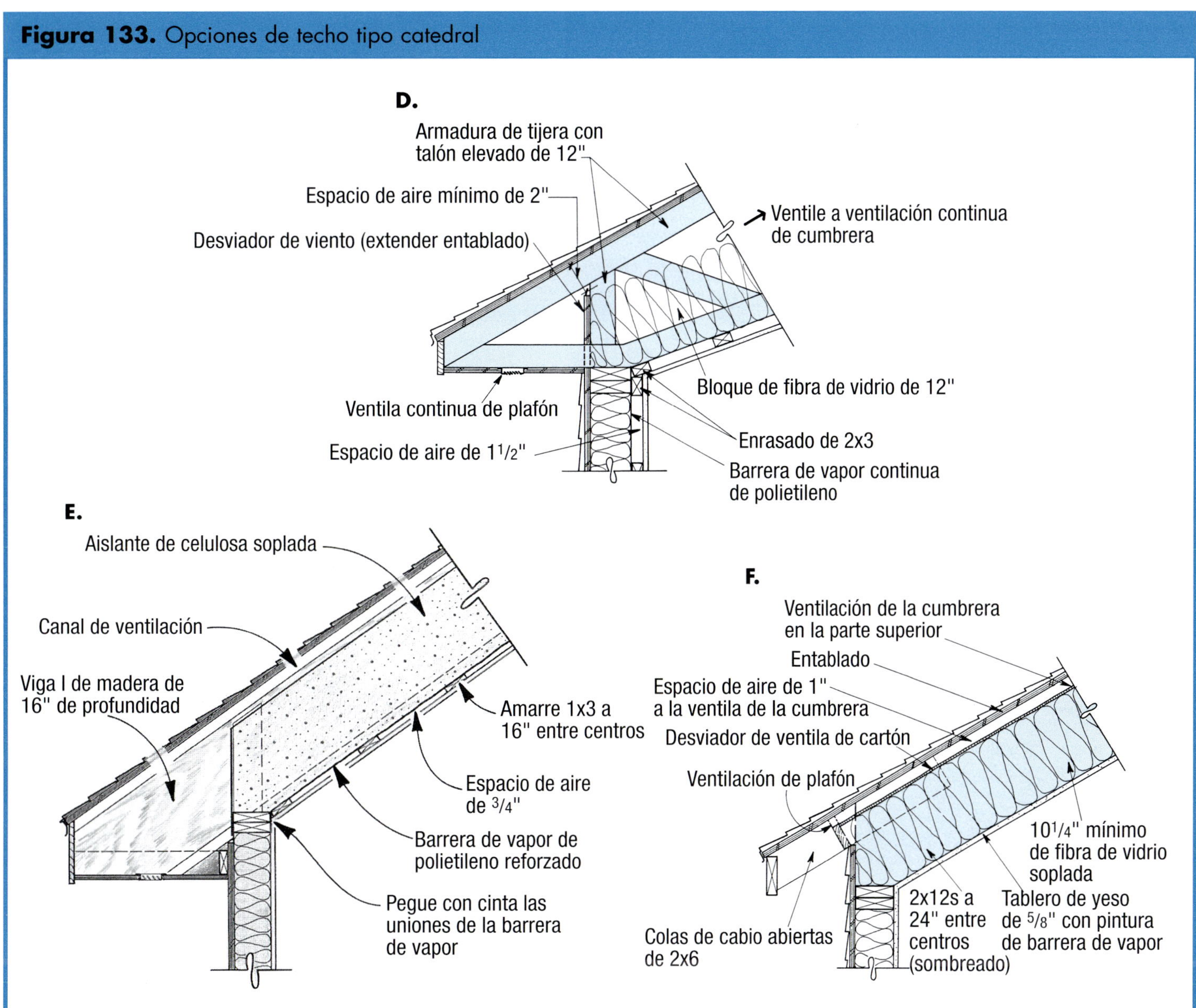

Opciones de techo tipo catedral

D. Las armaduras de tijeras con talones elevados proporcionan espacio adecuado para el aislante. Los bloques deben ajustarse cuidadosamente para minimizar el corto circuito en los cordones de armadura.
E. Vigas I de 16 pulg de profundidad aisladas con celulosa soplada densa.
F. Se puede sustituir el aislante de valor R alto (fibra de vidrio soplada) por bloques de fibra de vidrio estándar o por celulosa soplada.

Opciones de entramado de tipo catedral

Los techos tipo catedral con cabios convencionales de 2x10 ó 2x12 por lo general no proveen el espacio adecuado para el aislamiento en los climas fríos. Se debe agregar material a los cabios para proporcionar más espacio o el aislamiento de espuma debe añadirse por debajo (**Figura 133**, en las dos páginas anteriores).

Barrera térmica. Ya que la madera no es muy buen aislante, los cabos en sí conducen el frío a través del techo. Todas las opciones que se muestran en la **Figura 133** proporcionan una *barrera térmica:* una interrupción del material conductor (en este caso la madera) con el propósito de reducir el flujo continuo de calor por el cabio.

Opciones de aislamiento. Los valores R de los materiales aislantes varían ampliamente, como se muestra en la **Figura 134**, así que instalar un aislamiento con un valor R más alto podría ser la alternativa más fácil para los techos tipo catedral. Por ejemplo, los bloques de alto rendimiento o la fibra de vidrio soplada (BIBS) puede usarse para hacer que el valor R de un cabio 2x12 sea un aceptable R-38 a R-40 (**Figura 133**, página anterior, opción F).

Desviador de ventila. En cada opción de techo frío mostrada en la **Figura 134** (página anterior), debe instalarse un desviador de ventila (con un canal de ventila o cartón) para proporcionar un flujo de aire sin interrupciones de las ventilas de los aleros a las ventilas de la cumbrera.

Opciones alternativas de entramado

Una alternativa a los cabios convencionales es usar armaduras de tijeras o vigas I profundas, éstas proporcionan suficiente espacio para el aislamiento adicional que se necesita para lograr un valor R mayor (**Figura 133**, página anterior, opciones D y E).

Figura 134. Valores R de los aislantes

Aislante	Valor R aprox. por pulg
Bloque de fibra de vidrio	3.2
Bloque de fibra de vidrio de rendimiento alto	3.8
Fibra de vidrio de relleno libre	2.5
Fibra de vidrio soplada (BIBS)	4
Celulosa de relleno libre	3.5
Celulosa de empacado denso	3.5
Perlita o vermiculítico	2.7
Tabla de poliestireno expandido	3.8
Tabla de poliestireno extruido	4.8
Tabla de polisocianurato con cara de aluminio	7
Espuma rociada de uretano	5.9

Tipos de acero

DEBIDO A LA ALTA CAPACIDAD DE CARGA DEL ACERO ÉSTE ES UNA alternativa útil para llevar las cargas pesadas, particularmente en donde el espacio es limitado. **La Figura 135** muestra los tipos de acero que pueden ser útiles para columnas, vigas y soportes en una construcción de entramado de madera.

Travesaños de acero

TRAVESAÑOS ESTRUCTURALES DE ACERO

En donde la altura es limitada, pero que tiene que instalarse un travesaño para sostener una carga de punto pesado (vigas maestras de segundo piso que se apoyan en un travesaño para puerta corrediza, por ejemplo), el acero con frecuencia es la

Figura 135. Tipos y tamaños de acero

	Forma y tipo	Símbolo	Especificaciones de tamaño	Longitudes	Acabado	Usos
Vigas I	Liviana[1] Estándar Ala ancha	M S W o WF	Altura en pulg x libras/LF (Ej: W8x24)	20, 40, 50 y 60 pies	Laminado en caliente, acabado de fábrica	Vigas cargadoras, travesaños, vigas de borde, vigas en voladizo
Canales	Larguero[1] Estándar Ship y Car[2]	MC C MC	Altura en pulg x libras/LF (Ej: C5x9)	20 y 40 pies	Laminado en caliente, acabado de fábrica	Vigas cargadoras, placas de ensamblaje, travesaños, vigas de borde, columnas
T	T[3]	T	Altura en pulg x ancho en pulgadas (Ej: T6x8)	20 pies	Laminado en caliente, acabado de fábrica	Dinteles, andamio,columnas para cargas livianas
Ángulos	Lados iguales Lados desiguales	Ángulo en grados o L	Lado x lado x grosor (Ej: 3x6x1/4")	20 y 40 pies	Lam. en caliente, acabado de fábrica, sujetadores unidos	Dinteles, andamios, refuerzos de alma y ala
Barras	Planas Redondas Cuadradas	N/C	Grosor x ancho (Ej: 1/2x8) Diámetro (Ej: 2") Ancho de un lado (Ej: 1")	20 pies, 12 pies y al azar	Lam. en caliente, acabado de fábrica Laminado en frío, bañado y aceitado	Placas de columna, placas de unión,partes de maquinaria, herramientas
Tubería	Prog. 10[1] Prog. 40 Prog. 80[2]	BPPE (tubería negra con extremo común) o BPTC (tubería negra con cople roscado)	Diámetro interior x peso programado (3" Prog. 40 BPPE)	21 a 24 pies	Laminado en caliente, acabado de fábrica, pintada, galv en caliente.	Columnas
Tubos	Redondo Cuadrado Rectangular	ERW (soldado res. a elec.) DOM (estirado sobre mandril)	Diám. exterior o diámetro x grosor de pared (Ej: 2x1/8" redondo; 2x4x1/4" rectángulo)	20 y 40 pies	Laminado en caliente o frío, bañado y aceitado	Pasamanos, balaustradas, especialidades

(1) También llamado "liviano" (2) También llamado "Pesado" (3) Hecho de vigas I partidas a la mitad

Cada grado de acero estructural tiene una calidad específica según se describe en las normas de la American Society of Testing and Materials (ASTM). ASTM A-326 es el grado predominante del acero estructural del mercado. Tiene un contenido de carbón de .26%, lo cual le da una resistencia relativamente alta (60,000 psi a la tensión), aún así es relativamente fácil de soldar y fabricar.

única solución. **La Figura 136** muestra ejemplos de formas y tamaños de acero estándar que funcionarán como travesaño para llevar dichas cargas de punto pesado. Cada una de estas piezas de acero puede instalarse en una pared de 2x4, aunque las vigas W (llamadas comúnmente vigas I) miden 4 pulgadas de ancho y requieren trabajo cuidadoso para acomodarlas.

Apoyo de los cabios cortos

Los travesaños deben estar sostenidos por lo menos por montantes de cabios cortos dobles de 2x4 hasta 12,000 libras de carga y cabios cortos triples para cargas mayores a 12,000 lbs a 18,000 lbs. El travesaño debe descansar directamente en las

Figura 136. Travesaños de acero estructural

Carga concentrada (lb)	Tramo 3'	4'	5'	6'
5,000	T3x3x5/16 (1.88)	T4x4x3/16 (2.50)	T4x3x1/4 (3.13)	C6x8.2 (3.75)
10,000	C6x8.2 (3.75)	C6x10.5 (5.00)	W6x12 (6.25)	T6x3x3/8 (7.50)
15,000	C6x13 (5.63)	T6x3x3/8 (7.50)	T7x3x3/8 (9.38)	W8x15 (11.25)
20,000	T6x3x3/8 (7.50)	W6x16 (10.00)	W10x15 (13.00)	W10x17 (15.00)

T C W

El número en paréntesis es el módulo de sección que se requiere para la carga y el tramo dados; la sección de acero encima de eso es la pieza menos profunda y más liviana de acero que funcionará. Podría tener que hacerse sustituciones debido a que la romana podría no tener todos los tamaños y formas.

Figura 137. Empalme de vigas I

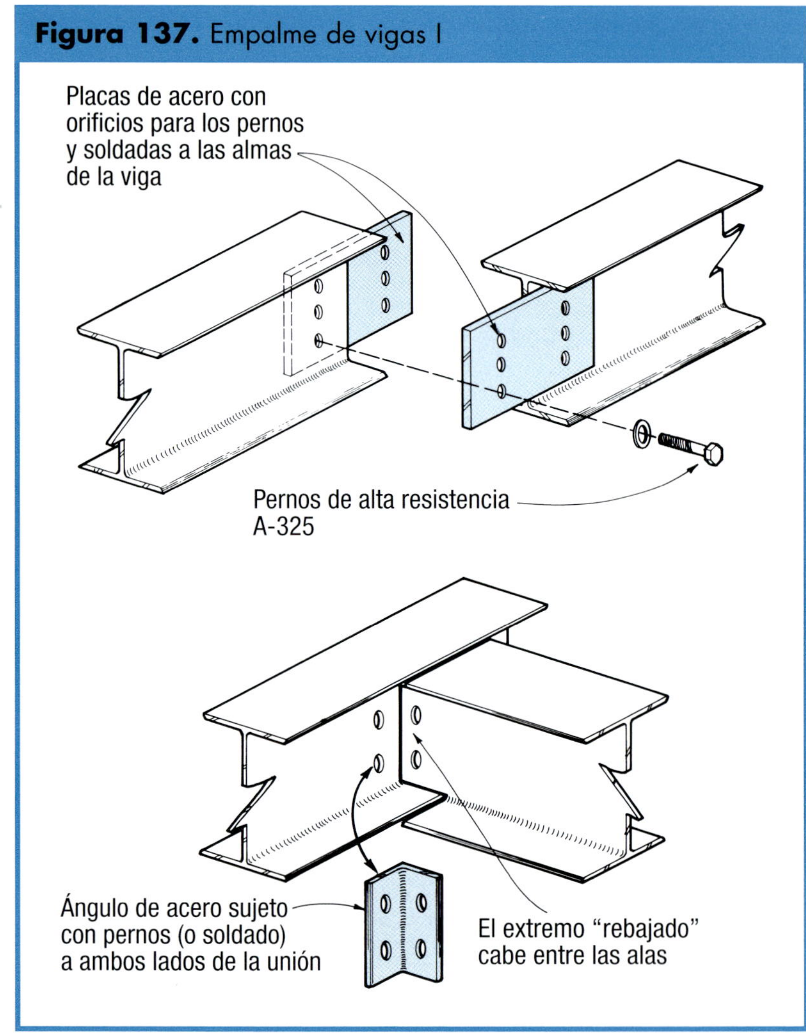

En un empalme en línea (superior) los extremos de las vigas I se juntan con placas soldadas por cada lado. Las placas después se unen con pernos de alta resistencia (A-325) colocados en los orificios previamente taladrados. Se usan ángulos de acero, o "sujetadores" para unir con pernos las vigas después de que el fabricante de acero ha "rebajado" los extremos para que encajen (inferior).

Figura 138. Conexiones de las columnas

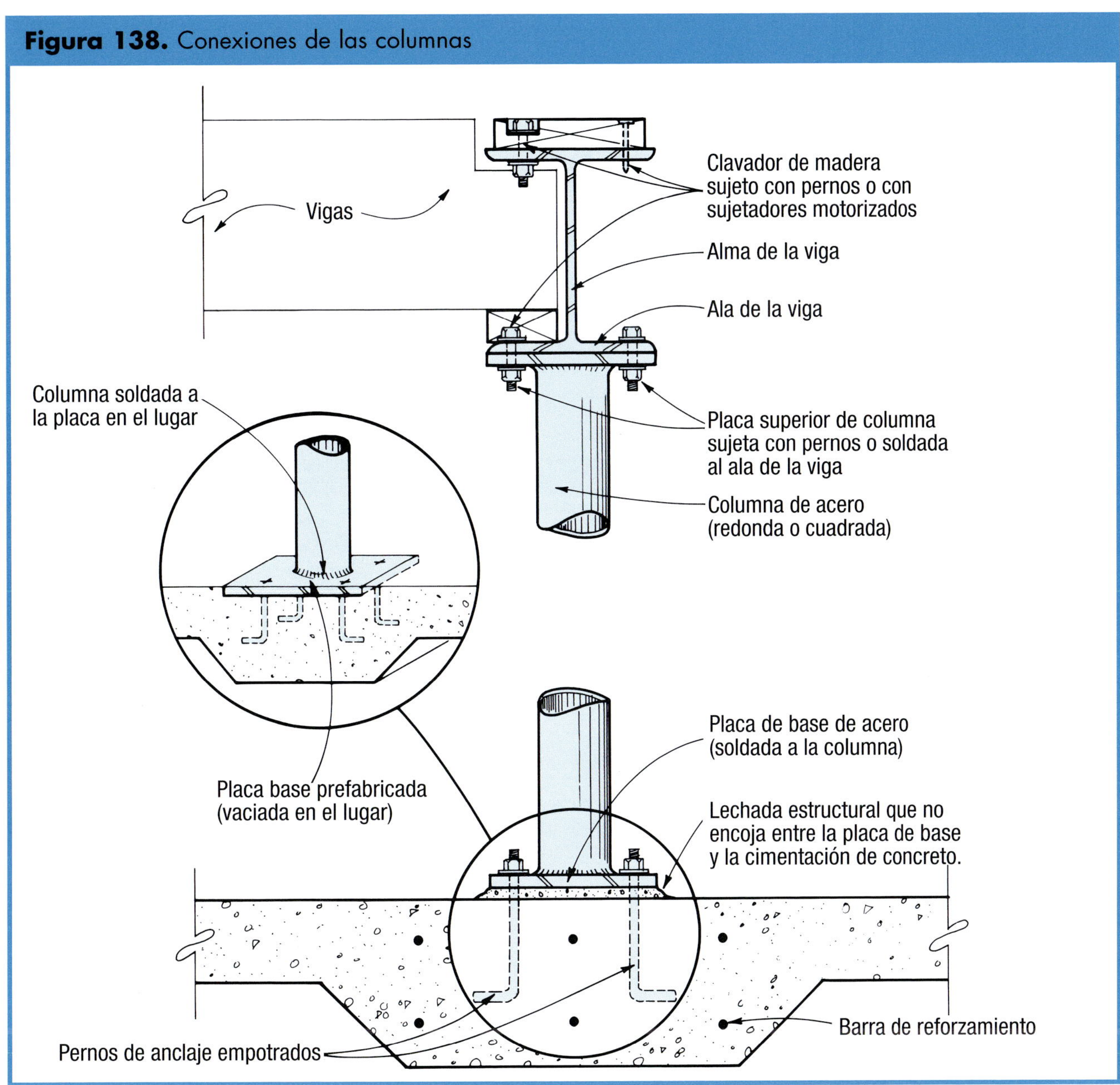

Resistencia de travasaños de acero

Conexiones de columnas y vigas

Las columnas de acero (no postes de madera) deben usarse cuando se requiera apoyo libre de las vigas de acero. Las placas de columna deben estar sujetas con pernos a las alas de la viga (superior) y al cimiento de losa engruesado (inferior). Una alternativa es soldar las placas de columna a las alas de la viga, y soldar las bases de las columnas a placas de base de acero, empotradas al vaciar los cimientos de la losa (inserto).

fibras del extremo de los montantes de cabio corto. No use cuñas de madera debajo de los travesaños, la carga es perpendicular a la fibra y tiende a aplastar la madera.

CONEXIONES DE ACERO A ACERO

La mayoría de las conexiones de acero están sujetas con pernos o soldadas. La soldadura es útil cuando el área de la superficie que se unirá es pequeña, como el borde de una columna de acero.

Por otra parte, las conexiones hechas con pernos no requieren de habilidades especiales. Las conexiones con pernos más comunes son los empalmes en línea y conexiones de viga a viga en ángulo recto (**Figura 137, página 84**), y en donde las placas de columna se unen a los cimientos y las almas de las vigas (**Figura 138**, página anterior).

Las conexiones de ángulo recto (**Figura 137, página 84**) requieren que el alma de una viga esté recortada ("rebajada") en un extremo para que las almas de cada viga se encajen entre sí. No tiene que ser perfecto, ya que los pernos sostendrán la carga.

Para cualquier conexión estructural unida con pernos, un ingeniero debe especificar el diámetro y la longitud de los pernos que se necesitan para el tipo de conexión. Estos probablemente serán pernos de acero estructural de alta resistencia (A-325), los cuales están disponibles en abastecedoras de acero o talleres de acero.

CONEXIONES DE ACERO A CONCRETO

Las bases de las columnas deben estar unidas con pernos al concreto. No cuente sólo con el concreto para sostener el acero empotrado en su lugar. El concreto encogerá con el tiempo, así que debe sujetar el acero a pernos de anclaje. Cuando empotre la placa de base de acero para los apoyos de la columna, sujete los ganchos a una parte del acero que será rodeada de concreto (**inserto, Figura 138**, página anterior). Esto "agarrara" y evitará el movimiento del acero una vez que el concreto haya encogido.

Figura 139. Conexiones de acero a madera

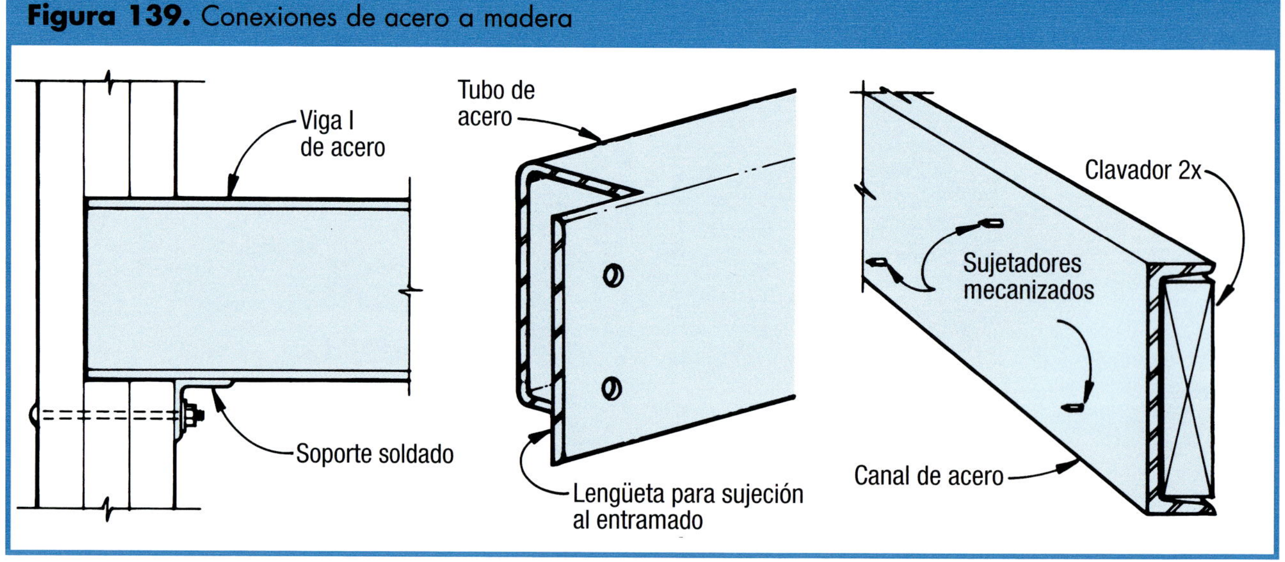

Las formas diferentes de acero requieren conexiones diferentes. En la obra, el método más rápido es sujetar los materiales 2x al canal de acero usando sujetadores motorizados (derecha). Los otros métodos requieren los servicios de un fabricante de acero.

CONEXIONES DE ACERO A MADERA

Existen varias maneras de sujetar el acero a la madera, dependiendo de las circunstancias. La **Figura 139** muestra algunas conexiones comunes de acero a madera usando diferentes formas de acero.

Clavadores

Es más fácil sujetar los clavadores de madera con clavos neumáticos, espaciados de 24 a 36 pulg entre centros y alternados lado a lado.

Conexiones de travesaños

Una manera común de sujetar un travesaño de viga I al entramado de madera es hacer que se suelde en la romana un sujetador de ángulo, según se muestra en la ilustración a la mano izquierda de la **Figura 139**. Una alternativa es asegurar la conexión usando una placa superior, la cual traslapa el acero y las paredes de entramado de madera (**Figura 140**).

Acero a acero

Para los travesaños de tubo de perfil delgado en donde no hay suficiente espacio para "clavar" la madera (usando una herramienta neumática), pida al fabricante de acero que deje una lengüeta salida en cada extremo, según se muestra en la ilustración del centro de la **Figura 139**. Después haga muescas al entramado para que encaje, y clave o atornille el acero al entramado.

Acero a madera

Figura 140. Conexión de un travesaño de acero

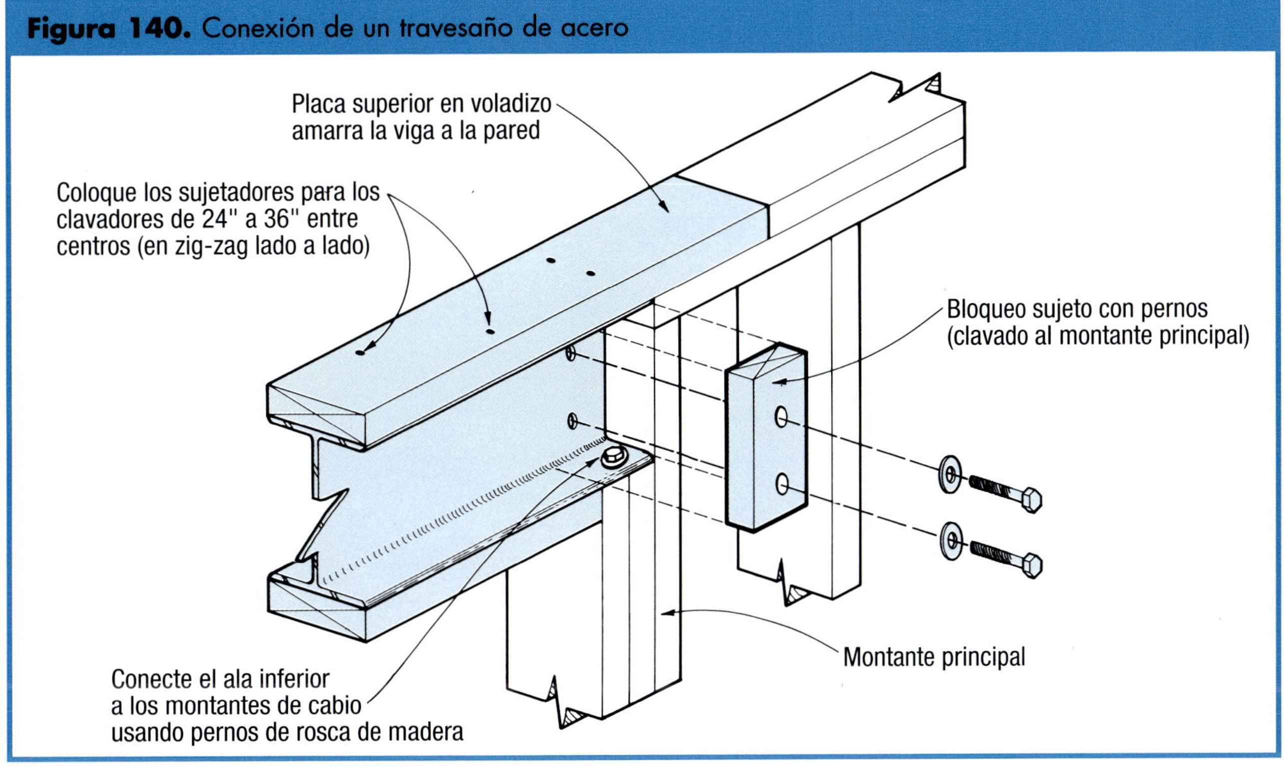

El travesaño de la viga I puede asegurarse a la placa superior que cubre el tramo de la conexión entre la viga y la pared. Esta conexión debe reforzarse con pernos de rosca de madera desde el ala inferior hasta los montantes de cabio, y con bloqueo sujeto con pernos que esté clavado oblicuamente al montante principal.

ENTRAMADO: Acero en los entramados de madera

PLACAS DE ENSAMBLAJE

Las placas de ensamblaje se usan principalmente en el ensamble de travesaños cuando la madera común de armadura no es lo suficientemente fuerte o rígida para llevar las cargas (**Figura 141**).

El acero se coloca en el centro por dos razones. Primero, esto aumenta la resistencia al fuego. La madera puede resistir el fuego más tiempo que el acero, el cual se suaviza muy rápido en un incendio. Segundo, el acero no es propenso a pandearse si se coloca entre dos miembros de madera. Una placa delgada de acero se arrugará y pandeará bajo cargas relativamente pequeñas a menos que se estabilice.

Conexiones de los extremos

Un ingeniero debe especificar el tamaño y el número de pernos que se requieren para asegurar la placa de ensamblaje al entramado de madera. Una cantidad insuficiente de pernos y orificios mal medidos para los pernos causarán que la madera alrededor del perno se aplaste y que las placas se asienten. En casos extremos, el acero puede cortar como un cuchillo en la parte superior del poste.

Como regla general, los orificios de los pernos deben colocarse a 2 pulg de todos los bordes de las vigas. Use la placa de ensamblaje como plantilla para alinear con precisión los orificios en la madera.

Figura 141. Resistencias equivalentes. Vigas de ensamblaje contra vigas de madera ensambladas y vigas I de acero

Vigas sencillas ensambladas de acero		Equivalentes a madera ensamblada*	Equivalentes a Vigas I de acero
Madera	**Acero**		
2x6	5" x 1/4"	2.3 - 2x6s	–
	5 x 3/8	3.5 - 2x6s	–
	5 x 1/2	4.7 - 2x6s	–
2x8	7 x 1/4	2.8 - 2x8s	–
	7 x 3/8	4.2 - 2x8s	–
	7 x 1/2	5.6 - 2x8s	W6x9
2x10	9 x 1/4	2.9 - 2x10s	–
	9 x 3/8	4.3 - 2x10s	–
	9 x 1/2	5.8 - 2x10s	W8x10
2x12	11 x 1/4	2.9 - 2x12s	–
	11 x 3/8	4.4 - 2x12s	–
	11 x 1/2	5.8 - 2x12s	W10x12

Vigas dobles ensambladas de acero		Equivalentes de madera ensamblada*	Equivalentes de viga I de acero
Madera	**Acero**		
2x6	5" x 1/4"	4.7 - 2x6s	–
	5 x 3/8	7 - 2x6s	–
	5 x 1/2	9.4 - 2x6s	–
2x8	7 x 1/4	5.6 - 2x8s	W6x9
	7 x 3/8	8.4 - 2x8s	W8x10 or W6x12
	7 x 1/2	11.3 - 2x8s	W8x13
2x10	9 x 1/4	5.6 - 2x10s	W8x10
	9 x 3/8	8.4 - 2x10s	W8x15
	9 x 1/2	11.5 - 2x10s	W8x18
2x12	11 x 1/4	5.8 - 2x12s	W10x12
	11 x 3/8	8.8 - 2x12s	W10x17
	11 x 1/2	11.7 - 2x12s	W10x22

*La resistencia equivalente que se muestra para las vigas de madera ensamblada supone que es abeto Doug-fir-larch (E=1.6, Fb=1,200).

La resistencia equivalente que se muestra para las vigas de madera ensamblada supone que es abeto Doug-fir-larch (E=1.6, Fb=1,200).

Figura 24. Tramos máximos permisibles (pies-pulg) para las vigas de piso

Áreas residenciales: 40 PSF viva, 10 PSF muerta (L/360)

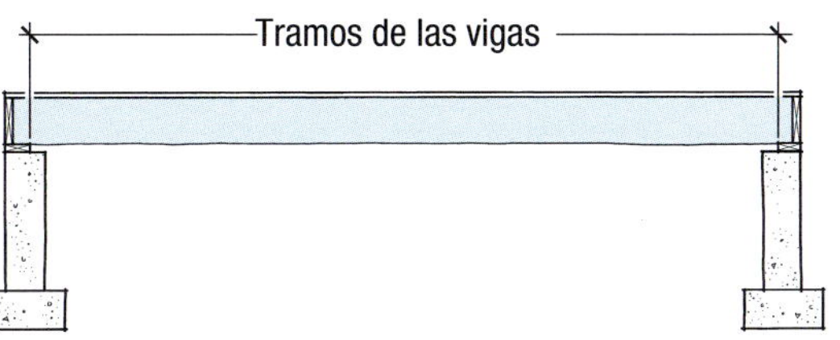

		2x6			2x8			2x10			2x12		
Grupo especie	Espaciamiento (pulg)	No. 1	No. 2	No. 1-2 (Can.)	No. 1	No. 2	No. 1-2 (Can.)	No. 1	No. 2	No. 1-2 (Can.)	No. 1	No. 2	No. 1-2 (Can.)
D-Fir-L	12	10-11	10-9	10-9	14-5	14-2	14-2	18-5	18-0	17-6	22-0	20-11	20-4
	16	9-11	9-9	9-9	13-1	12-9	12-5	16-5	15-7	15-2	19-1	18-1	17-7
	24	8-8	8-3	8-0	11-0	10-5	10-2	13-5	12-9	12-5	15-7	14-9	14-4
SPF	12	—	—	10-3	—	—	13-6	—	—	17-3	—	—	20-7
	16	—	—	9-4	—	—	12-3	—	—	15-5	—	—	17-10
	24	—	—	8-1	—	—	10-3	—	—	12-7	—	—	14-7
Hem-Fir	12	10-6	10-0	10-9	13-10	13-2	14-2	17-8	16-10	18-0	21-6	20-4	21-11
	16	9-6	9-1	9-9	12-7	12-0	12-10	16-0	15-2	16-5	18-10	17-7	19-1
	24	8-4	7-11	8-6	10-10	10-2	11-0	13-3	12-5	13-5	15-5	14-4	15-7
SYP	12	10-11	10-9	—	14-5	14-2	—	18-5	18-0	—	22-5	21-9	—
	16	9-11	9-9	—	13-1	12-10	—	16-9	16-1	—	20-4	18-10	—
	24	8-8	8-6	—	11-5	11-0	—	14-7	13-2	—	17-5	15-4	—

Para obtener información sobre las vigas de entramado, vea las **páginas 18-26**.

ENTRAMADO: Espaciamiento de las vigas

Figura 25. Tramos máximos permisibles (pies-pulg) para las vigas de piso

Áreas residenciales: Pisos de concreto de 1 1/2 pulg (cama de mosaico); 40 PSF viva, 20 PSF muerta (L/360)

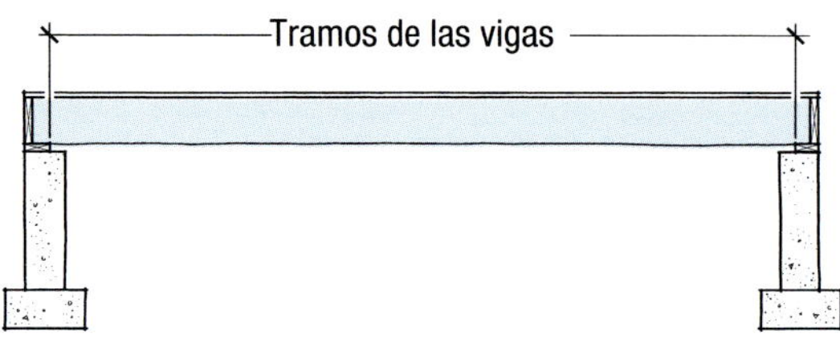

Grupo especie	Espaciamiento (pulg)	2x6 No. 1	2x6 No. 2	2x6 No. 1-2 (Can.)	2x8 No. 1	2x8 No. 2	2x8 No. 1-2 (Can.)	2x10 No. 1	2x10 No. 2	2x10 No. 1-2 (Can.)	2x12 No. 1	2x12 No. 2	2x12 No. 1-2 (Can.)
D-Fir-L	12	10-11	10-8	10-4	14-2	13-6	13-1	17-4	16-5	16-0	20-1	19-1	18-6
	16	9-8	9-3	8-11	12-4	11-8	11-4	15-0	14-3	13-10	17-5	16-6	16-1
	24	7-11	7-6	7-4	10-0	9-6	9-3	12-3	11-8	11-4	14-3	13-6	13-1
SPF	12	—	—	10-3	—	—	13-3	—	—	16-3	—	—	18-10
	16	—	—	9-1	—	—	11-6	—	—	14-1	—	—	16-3
	24	—	—	7-5	—	—	9-5	—	—	11-6	—	—	13-4
Hem-Fir	12	10-6	10-0	10-9	13-10	13-1	14-2	17-1	16-0	17-4	19-10	18-6	20-1
	16	9-6	8-11	9-8	12-2	11-4	12-4	14-10	13-10	15-0	17-2	16-1	17-5
	24	7-10	7-4	7-11	9-11	9-3	10-0	12-1	11-4	12-3	14-0	13-1	14-3
SYP	12	10-11	10-9	—	14-5	14-2	—	18-5	16-11	—	22-5	19-10	—
	16	9-11	9-6	—	13-1	12-4	—	16-4	14-8	—	19-6	17-2	—
	24	8-8	7-9	—	11-3	10-0	—	13-4	12-0	—	15-11	14-0	—

Para obtener información sobre las vigas de entramado, vea las **páginas 18-26**.

Figura 26. Tramos máximos permisibles (pies-pulg) para las vigas de techo

Tablero de yeso adherido — Sin habitaciones futuras ni almacenamiento en el ático; 10 PSF viva 5 PSF muerta (L/240)

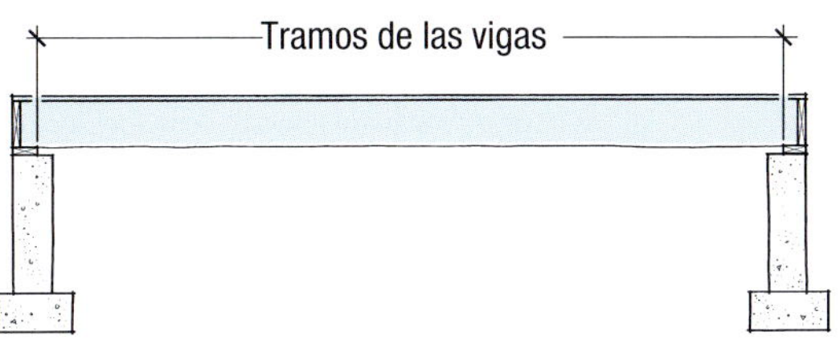

Grupo especie	Espaciamiento (pulg)	2x4 No. 1	2x4 No. 2	2x4 No. 1-2 (Can.)	2x6 No. 1	2x6 No. 2	2x6 No. 1-2 (Can.)	2x8 No. 1	2x8 No. 2	2x8 No. 1-2 (Can.)	2x10 No. 1	2x10 No. 2	2x10 No. 1-2 (Can.)
D-Fir-L	12	12-8	12-5	12-5	19-11	19-6	19-6	26-2	25-8	25-8	33-5	32-9	32-0
	16	11-6	11-3	11-3	18-1	17-8	17-8	23-10	23-4	22-8	30-0	28-6	27-8
	24	10-0	9-10	9-10	15-9	15-0	14-7	20-1	19-1	18-6	24-6	23-3	22-7
SPF	12	—	—	11-10	—	—	18-8	—	—	24-7	—	—	31-4
	16	—	—	10-9	—	—	16-11	—	—	22-4	—	—	28-1
	24	—	—	9-5	—	—	14-9	—	—	18-9	—	—	22-11
Hem-Fir	12	12-2	11-7	12-5	19-1	18-2	19-6	25-2	24-0	25-8	32-1	30-7	32-9
	16	11-0	10-6	11-3	17-4	16-6	17-8	22-10	21-9	23-4	29-2	27-8	29-9
	24	9-8	9-2	9-10	15-2	14-5	15-6	19-10	18-6	20-1	24-3	22-7	24-6
SYP	12	12-8	12-5	—	19-11	19-6	—	26-2	25-8	—	33-5	32-9	—
	16	11-6	11-3	—	18-1	17-8	—	23-10	23-4	—	30-5	29-4	—
	24	10-0	9-10	—	15-9	15-6	—	20-10	20-1	—	26-6	24-0	—

Para obtener información sobre las vigas de entramado, vea las **páginas 18-26**.

ENTRAMADO: Espaciamiento de las vigas

Figura 27. Tramos máximos permisibles (pies-pulg) para las vigas de techo

Tablero de yeso adherido — Sin habitaciones futuras, almacenamiento limitado en el ático; 20 PSF viva 10 PSF muerta (L/240)

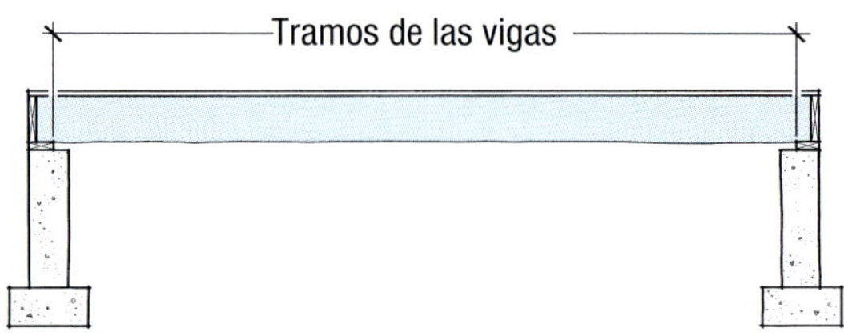

		2x4			2x6			2x8			2x10		
Grupo especie	**Espaciamiento (pulg)**	**No. 1**	**No. 2**	**No. 1-2 (Can.)**	**No. 1**	**No. 2**	**No. 1-2 (Can.)**	**No. 1**	**No. 2**	**No. 1-2 (Can.)**	**No. 1**	**No. 2**	**No. 1-2 (Can.)**
D-Fir-L	12	10-0	9-10	9-10	15-9	15-0	14-7	20-1	19-1	18-6	24-6	23-3	22-7
	16	9-1	8-11	8-8	13-9	13-0	12-8	17-5	16-6	16-0	21-3	20-2	19-7
	24	7-8	7-3	7-1	11-2	10-8	10-4	14-2	13-6	13-1	17-4	16-5	16-0
SPF	12	—	—	9-5	—	—	14-9	—	—	18-9	—	—	22-11
	16	—	—	8-7	—	—	12-10	—	—	16-3	—	—	19-10
	24	—	—	7-2	—	—	10-6	—	—	13-3	—	—	16-3
Hem-Fir	12	9-8	9-2	9-10	15-2	14-5	15-6	19-10	18-6	20-1	24-3	22-7	24-6
	16	8-9	8-4	8-11	13-7	12-8	13-9	17-2	16-0	17-5	21-0	19-7	21-3
	24	7-7	7-1	7-8	11-1	10-4	11-2	14-0	13-1	14-2	17-1	16-0	17-4
SYP	12	10-0	9-10	—	15-9	15-6	—	20-10	20-1	—	26-6	24-0	—
	16	9-1	8-11	—	14-4	13-6	—	18-11	17-5	—	23-2	20-9	—
	24	8-0	7-8	—	12-6	11-0	—	15-11	14-2	—	18-11	17-0	—

Para obtener información sobre las vigas de entramado, vea las **páginas 18-26**.

Figura 60. Tramos de travesaños y vigas maestras (pies-pulg) para muros cargadores exteriores

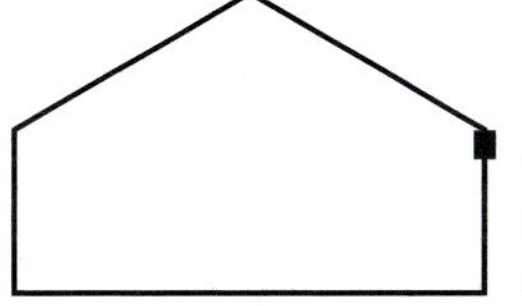

Soportando la armadura de cubierta y el cielo raso solamente (sin ático)

Carga de nieve de 20 lb.

Tamaño máximo del travesaño	**Ancho del edificio (pies) 20** Tramo	No. de montantes de gato	**36** Tramo	No. de montantes de gato
2-2x4	3-6	1	2-10	1
2-2x6	5-5	1	4-2	1
2-2x8	6-10	1	5-4	2
2-2x10	8-5	2	6-6	2
2-2x12	9-9	2	7-6	2
3-2x8	8-4	1	6-8	1
3-2x10	10-6	1	8-2	2
3-2x12	12-2	2	9-5	2
4-2x8	9-2	1	7-8	2
4-2x10	11-8	1	9-5	2
4-2x12	14-1	1	10-11	2

Carga de nieve de 50 lb.

Tamaño máximo del travesaño	**Ancho del edificio (pies) 20** Tramo	No. de montantes de gato	**36** Tramo	No. de montantes de gato
2-2x4	2-10	1	2-2	1
2-2x6	4-1	1	3-2	2
2-2x8	5-2	2	4-0	2
2-2x10	6-4	2	4-11	2
2-2x12	7-4	2	5-8	3
3-2x8	6-6	2	5-0	2
3-2x10	7-11	2	6-2	2
3-2x12	9-2	2	7-2	2
4-2x8	7-6	2	5-10	2
4-2x10	9-2	2	7-1	2
4-2x12	10-8	2	8-3	2

Nota: Los tramos calculados suponen madera de grado #2 Doug.-Fir, Hem-Fir y SYP

ENTRAMADO: Tramos de travesaños

Figura 61. Tramos de travesaños y vigas maestras (pies-pulg) para muros cargadores exteriores

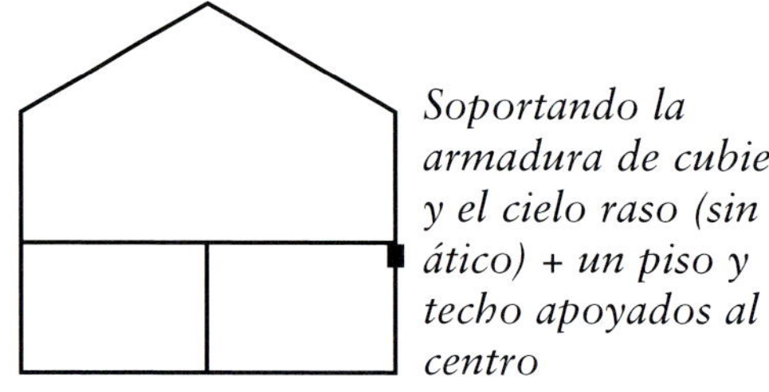

Soportando la armadura de cubierta y el cielo raso (sin ático) + un piso y techo apoyados al centro

Carga de nieve de 20 lb.

Tamaño máximo del travesaño	**Ancho del edificio (pies)** **20** Tramo	No. de montantes de gato	**36** Tramo	No. de montantes de gato
2-2x4	3-1	1	2-5	1
2-2x6	4-6	1	3-7	2
2-2x8	5-9	2	4-6	2
2-2x10	7-0	2	5-6	2
2-2x12	8-1	2	6-5	2
3-2x8	7-2	1	5-8	2
3-2x10	8-9	2	6-11	2
3-2x12	10-2	2	8-0	2
4-2x8	8-1	2	6-7	2
4-2x10	10-1	1	8-0	2
4-2x12	11-9	2	9-3	2

Carga de nieve de 50 lb.

Tamaño máximo del travesaño	**Ancho del edificio (pies)** **20** Tramo	No. de montantes de gato	**36** Tramo	No. de montantes de gato
2-2x4	2-6	1	2-0	1
2-2x6	3-8	1	2-11	2
2-2x8	4-8	2	3-8	2
2-2x10	5-8	2	4-5	2
2-2x12	6-7	2	5-2	2
3-2x8	5-10	1	4-7	2
3-2x10	7-1	2	5-7	2
3-2x12	8-3	2	6-6	2
4-2x8	6-8	2	5-3	2
4-2x10	8-2	2	6-5	2
4-2x12	9-6	2	7-6	2

Nota: Los tramos calculados suponen madera de grado #2 Doug.-Fir, Hem-Fir y SYP

Figura 62. Tramos de travesaños y vigas maestras (pies-pulg) para muros cargadores exteriores

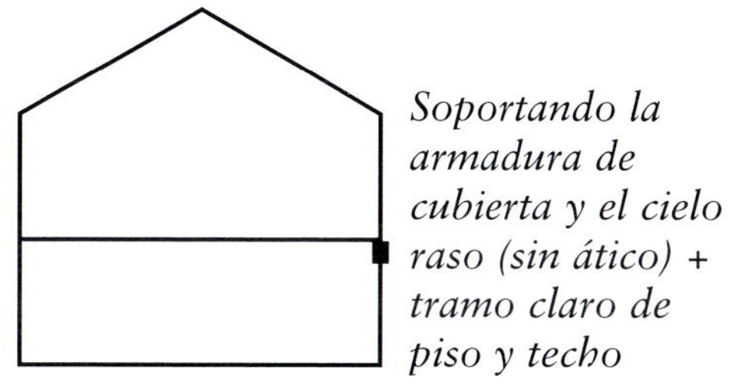

Carga de nieve de 20 lb.

Tamaño máximo del travesaño	Ancho del edificio (pies) 20 Tramo	20 No. de montantes de gato	36 Tramo	36 No. de montantes de gato
2-2x4	2-8	1	2-1	1
2-2x6	3-11	1	3-0	2
2-2x8	5-0	2	3-10	2
2-2x10	6-1	2	4-8	2
2-2x12	7-1	2	5-5	3
3-2x8	6-3	2	4-10	2
3-2x10	7-7	2	5-11	2
3-2x12	8-10	2	6-10	2
4-2x8	7-2	2	5-7	2
4-2x10	8-9	2	6-10	2
4-2x12	10-2	2	7-11	2

Carga de nieve de 50 lb.

Tamaño máximo del travesaño	Ancho del edificio (pies) 20 Tramo	20 No. de montantes de gato	36 Tramo	36 No. de montantes de gato
2-2x4	2-5	1	1-10	1
2-2x6	3-6	2	2-9	2
2-2x8	4-5	2	3-5	2
2-2x10	5-5	2	4-3	3
2-2x12	6-3	2	4-11	3
3-2x8	5-6	2	4-4	2
3-2x10	6-9	2	5-3	2
3-2x12	7-10	2	6-1	2
4-2x8	6-4	2	5-0	2
4-2x10	7-9	2	6-1	2
4-2x12	9-0	2	7-1	2

Nota: Los tramos calculados suponen madera de grado #2 Doug.-Fir, Hem-Fir y SYP lumber.

ENTRAMADO: Tramos de travesaños

Figura 63. Tramos de travesaños y vigas maestras (pies-pulg) para muros cargadores exteriores

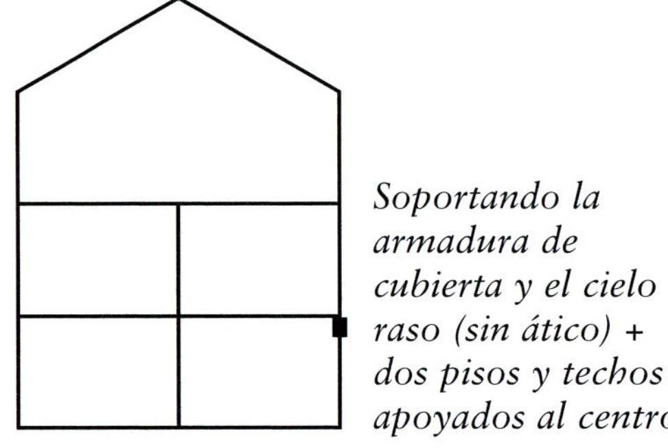

Carga de nieve de 20 lb.

Tamaño máximo del travesaño	Ancho del edificio (pies) 20 Tramo	20 No. de montantes de gato	36 Tramo	36 No. de montantes de gato
2-2x4	2-7	1	2-0	1
2-2x6	3-9	2	2-11	2
2-2x8	4-9	2	3-9	2
2-2x10	5-9	2	4-7	3
2-2x12	6-8	2	5-3	3
3-2x8	5-11	2	4-8	2
3-2x10	7-3	2	5-9	2
3-2x12	8-5	2	6-7	2
4-2x8	6-10	2	5-5	2
4-2x10	8-4	2	6-7	2
4-2x12	9-8	2	7-8	2

Carga de nieve de 50 lb.

Tamaño máximo del travesaño	Ancho del edificio (pies) 20 Tramo	20 No. de montantes de gato	36 Tramo	36 No. de montantes de gato
2-2x4	2-3	1	1-10	1
2-2x6	3-4	2	2-8	2
2-2x8	4-3	2	3-4	2
2-2x10	5-2	2	4-1	3
2-2x12	6-0	2	4-9	3
3-2x8	5-4	2	4-2	2
3-2x10	6-6	2	5-2	2
3-2x12	7-6	2	6-0	3
4-2x8	6-1	2	4-10	2
4-2x10	7-6	2	5-11	2
4-2x12	8-8	2	6-11	2

Nota: Los tramos calculados suponen madera de grado #2 Doug.-Fir, Hem-Fir y SYP

Figura 64. Tramos de travesaños y vigas maestras (pies-pulg) para muros cargadores exteriores

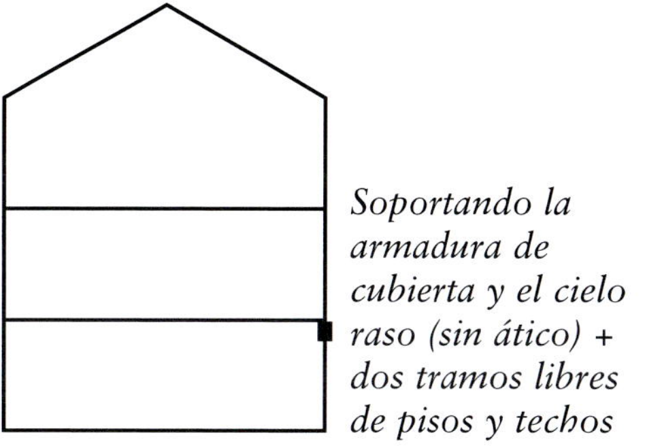

Carga de nieve de 20 lb.

Tamaño máximo del travesaño	Ancho del edificio (pies) 20		36	
	Tramo	No. de montantes de gato	Tramo	No. de montantes de gato
2-2x4	2-1	1	1-7	2
2-2x6	3-1	2	2-4	2
2-2x8	3-10	2	3-0	3
2-2x10	4-9	2	3-8	3
2-2x12	5-6	3	4-3	3
3-2x8	4-10	2	3-9	2
3-2x10	5-11	2	4-7	3
3-2x12	6-10	2	5-4	3
4-2x8	5-7	2	4-4	3
4-2x10	6-10	2	5-3	2
4-2x12	7-11	2	6-2	3

Carga de nieve de 50 lb.

Tamaño máximo del travesaño	Ancho del edificio (pies) 20		36	
	Tramo	No. de montantes de gato	Tramo	No. de montantes de gato
2-2x4	2-0	1	1-7	2
2-2x6	2-11	2	2-3	2
2-2x8	3-9	2	2-11	3
2-2x10	4-7	2	3-6	3
2-2x12	5-3	3	4-1	3
3-2x8	4-8	2	3-7	2
3-2x10	5-8	2	4-5	3
3-2x12	6-7	2	5-1	3
4-2x8	5-5	2	4-2	3
4-2x10	6-7	2	5-1	2
4-2x12	7-8	2	5-11	3

Nota: Los tramos calculados suponen madera de grado #2 Doug.-Fir, Hem-Fir y SYP

ENTRAMADO: Tramos de travesaños

Figura 65. Tramos de travesaños y vigas maestras (pies-pulg) para muros cargadores interiores

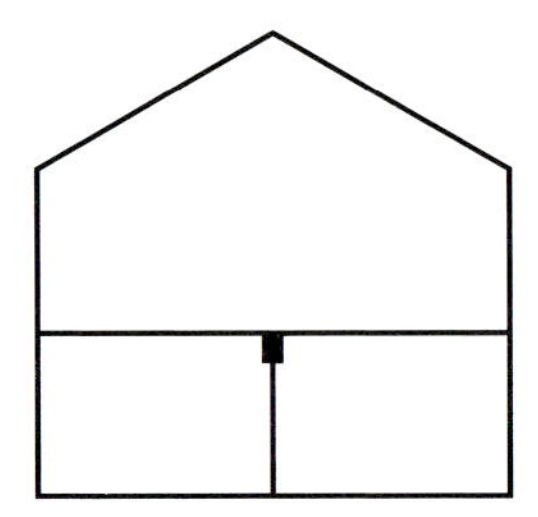

Soportando un piso y techo apoyados al centro solamente

Tamaño máximo del travesaño	Ancho del edificio (pies) 20 Tramo	No. de montantes de gato	36 Tramo	No. de montantes de gato
2-2x4	3-5	1	2-6	1
2-2x6	4-11	1	3-8	1
2-2x8	6-3	1	4-8	2
2-2x10	7-8	2	5-9	2
2-2x12	8-11	2	6-7	2
3-2x8	7-10	1	5-10	2
3-2x10	9-7	1	7-2	2
3-2x12	11-1	2	8-3	2
4-2x8	9-0	1	6-9	2
4-2x10	11-1	1	8-3	2
4-2x12	12-10	1	9-7	2

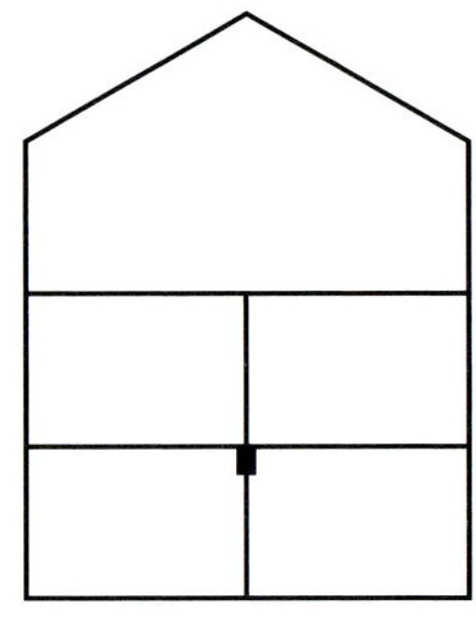

Soportando dos pisos y techo apoyados al centro solamente

Tamaño máximo del travesaño	Ancho del edificio (pies) 20 Tramo	No. de montantes de gato	36 Tramo	No. de montantes de gato
2-2x4	2-3	1	1-9	1
2-2x6	3-4	2	2-6	2
2-2x8	4-3	2	3-3	2
2-2x10	5-2	2	3-11	3
2-2x12	6-0	2	4-7	3
3-2x8	5-4	2	4-0	2
3-2x10	6-6	2	4-11	2
3-2x12	7-6	2	5-8	3
4-2x8	6-1	2	4-8	2
4-2x10	7-6	2	5-8	2
4-2x12	8-8	2	6-7	2

Nota: Los tramos calculados suponen madera de grado #2 Doug.-Fir, Hem-Fir y SYP

Figura 69. Tramos máximos horizontales permisibles (pies-pulg)

Cabios: Carga viva de 20 psf; carga muerta de 10 psf. Región en la que no nieva. Cobertura liviana de techo. Sin cielo raso de tablero de yeso.

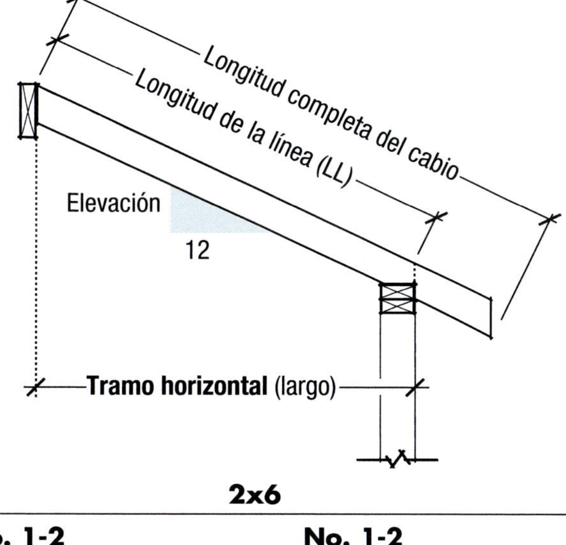

Grupo especie	Espaciamiento (pulg)	2x4 No. 1	2x4 No. 2	2x4 No. 1-2 (Can.)	2x6 No. 1	2x6 No. 2	2x6 No. 1-2 (Can.)	2x8 No. 1	2x8 No. 2	2x8 No. 1-2 (Can.)	2x10 No. 1	2x10 No. 2	2x10 No. 1-2 (Can.)
D-Fir-L	12	11-1	10-10	10-10	17-4	16-10	16-4	22-5	21-4	20-8	27-5	26-0	25-3
	16	10-0	9-10	9-8	15-4	14-7	14-2	19-5	18-5	17-11	23-9	22-6	21-11
	24	8-7	8-2	7-11	12-6	11-11	11-7	15-10	15-1	14-8	19-5	18-5	17-10
SPF	12	—	—	10-4	—	—	16-3	—	—	21-0	—	—	25-8
	16	—	—	9-5	—	—	14-4	—	—	18-2	—	—	22-3
	24	—	—	8-0	—	—	11-9	—	—	14-10	—	—	18-2
Hem-Fir	12	10-7	10-1	10-10	16-8	15-11	17-0	21-11	20-8	22-5	27-1	25-3	27-5
	16	9-8	9-2	9-10	15-2	14-2	15-4	19-2	17-11	19-5	23-5	21-11	23-9
	24	8-5	7-11	8-7	12-4	11-7	12-6	15-8	14-8	15-10	19-2	17-10	19-5
SYP	12	11-1	10-10	—	17-4	17-0	—	22-11	22-5	—	29-2	26-9	—
	16	10-0	9-10	—	15-9	15-1	—	20-10	19-6	—	25-10	23-2	—
	24	8-9	8-7	—	13-9	12-4	—	17-9	15-11	—	21-1	18-11	—

Figura 70. Tramos máximos horizontales permisibles (pies-pulg)

Cabios: Carga viva de 20 psf; carga muerta de 10 psf. Región en la que no nieva. Cobertura del techo de peso ligero. Cielo raso de tablero de yeso. Sin ático.

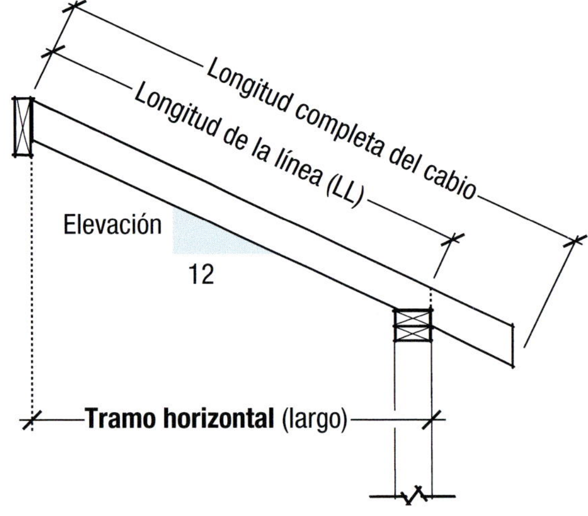

Grupo especie	Espaciamiento (pulg)	2x6 No. 1	2x6 No. 2	2x6 No. 1-2 (Can.)	2x8 No. 1	2x8 No. 2	2x8 No. 1-2 (Can.)	2x10 No. 1	2x10 No. 2	2x10 No. 1-2 (Can.)	2x12 No. 1	2x12 No. 2	2x12 No. 1-2 (Can.)
D-Fir-L	12	15-9	15-6	15-6	20-10	20-5	20-5	26-6	26-0	25-3	31-10	30-2	29-4
	16	14-4	14-1	14-1	18-11	18-5	17-11	23-9	22-6	21-11	27-6	26-1	25-5
	24	12-6	11-11	11-7	15-10	15-1	14-8	19-5	18-5	17-10	22-6	21-4	20-9
SPF	12	—	—	14-9	—	—	19-6	—	—	24-10	—	—	29-9
	16	—	—	13-5	—	—	17-9	—	—	22-3	—	—	25-9
	24	—	—	11-9	—	—	14-10	—	—	18-2	—	—	21-0
Hem-Fir	12	15-2	14-5	15-6	19-11	19-0	20-5	25-5	24-3	26-0	30-11	29-4	31-8
	16	13-9	13-1	14-1	18-2	17-3	18-6	23-2	21-11	23-8	27-2	25-5	27-6
	24	12-0	11-5	12-3	15-8	14-8	15-10	19-2	17-10	19-5	22-2	20-9	22-6
SYP	12	15-9	15-6	—	20-10	20-5	—	26-6	26-0	—	32-3	31-4	—
	16	14-4	14-1	—	18-11	18-6	—	24-1	23-2	—	29-4	27-2	—
	24	12-6	12-3	—	16-6	15-11	—	21-1	18-11	—	25-2	22-2	—

Figura 71. Tramos máximos horizontales permisibles (pies-pulg)

Cabios: Carga viva de 20 psf; carga muerta de 10 psf. Región en la que nieva. Cobertura del techo de peso ligero. Sin cielo raso de tablero de yeso.

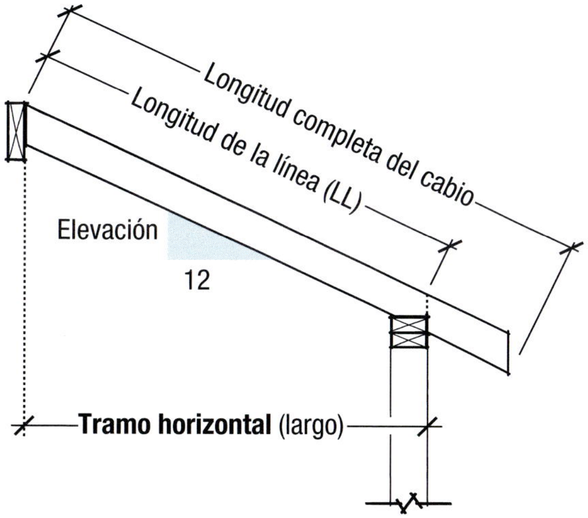

Grupo especie	Espaciamiento (pulg)	2x4 No. 1	2x4 No. 2	2x4 No. 1-2 (Can.)	2x6 No. 1	2x6 No. 2	2x6 No. 1-2 (Can.)	2x8 No. 1	2x8 No. 2	2x8 No. 1-2 (Can.)	2x10 No. 1	2x10 No. 2	2x10 No. 1-2 (Can.)
D-Fir-L	12	11-1	10-10	10-9	17-0	16-2	15-8	21-6	20-5	19-10	26-4	24-11	24-3
	16	10-0	9-7	9-3	14-9	14-0	13-7	18-8	17-8	17-2	22-9	21-7	21-0
	24	8-3	7-10	7-7	12-0	11-5	11-1	15-3	14-5	14-0	18-7	17-8	17-2
SPF	12	—	—	10-4	—	—	15-11	—	—	20-2	—	—	24-7
	16	—	—	9-5	—	—	13-9	—	—	17-5	—	—	21-4
	24	—	—	7-8	—	—	11-3	—	—	14-3	—	—	17-5
Hem-Fir	12	10-7	10-1	10-10	16-8	15-8	17-0	21-3	19-10	21-6	26-0	24-3	26-4
	16	9-8	9-2	9-10	14-6	13-7	14-9	18-5	17-2	18-8	22-6	21-0	22-9
	24	8-1	7-7	8-3	11-10	11-1	12-0	15-0	14-0	15-3	18-4	17-2	18-7
SYP	12	11-1	10-10	—	17-4	16-8	—	22-11	21-7	—	28-7	25-8	—
	16	10-0	9-10	—	15-9	14-5	—	20-10	18-8	—	24-9	22-3	—
	24	8-9	8-2	—	13-6	11-9	—	17-0	15-3	—	20-3	18-2	—

ENTRAMADO: Tramos de cabios

Figura 72. Tramos máximos horizontales permisibles (pies-pulg)

Cabios: Carga viva de 20 psf; carga muerta de 10 psf. Región en la que nieva. Cobertura liviana de techo. Cielo raso de tablero de yeso. Sin ático.

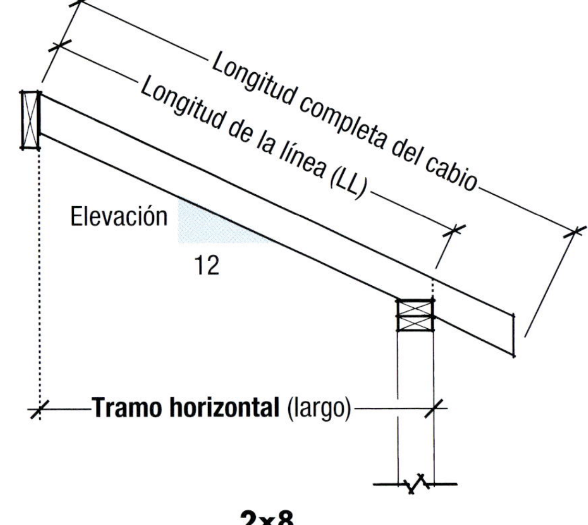

Grupo especie	Espaciamiento (pulg)	2x6 No. 1	2x6 No. 2	2x6 No. 1-2 (Can.)	2x8 No. 1	2x8 No. 2	2x8 No. 1-2 (Can.)	2x10 No. 1	2x10 No. 2	2x10 No. 1-2 (Can.)	2x12 No. 1	2x12 No. 2	2x12 No. 1-2 (Can.)
D-Fir-L	12	15-9	15-6	15-6	20-10	20-5	19-10	26-4	24-11	24-3	30-6	28-11	28-1
	16	14-4	14-0	13-7	18-8	17-8	17-2	22-9	21-7	21-0	26-5	25-1	24-4
	24	12-0	11-5	11-1	15-3	14-5	14-0	18-7	17-8	17-2	21-7	20-5	19-11
SPF	12	—	—	14-9	—	—	19-6	—	—	24-7	—	—	28-6
	16	—	—	13-5	—	—	17-5	—	—	21-4	—	—	24-8
	24	—	—	11-3	—	—	14-3	—	—	17-5	—	—	20-2
Hem-Fir	12	15-2	14-5	15-6	19-11	19-0	20-5	25-5	24-3	26-0	30-1	28-1	30-6
	16	13-9	13-1	14-1	18-2	17-2	18-6	22-6	21-0	22-9	26-1	24-4	26-5
	24	11-10	11-1	12-0	15-0	14-0	15-3	18-4	17-2	18-7	21-3	19-11	21-7
SYP	12	15-9	15-6	—	20-10	20-5	—	26-6	25-8	—	32-3	30-1	—
	16	14-4	14-1	—	18-11	18-6	—	24-1	22-3	—	29-4	26-1	—
	24	12-6	11-9	—	16-6	15-3	—	20-3	18-2	—	24-1	21-4	—

Figura 73. Tramos máximos horizontales permisibles (pies-pulg)

Cabios: Carga viva de 30 psf; carga muerta de 10 psf. Región en la que nieva. Cobertura liviana de techo. Sin cielo raso de tablero de yeso.

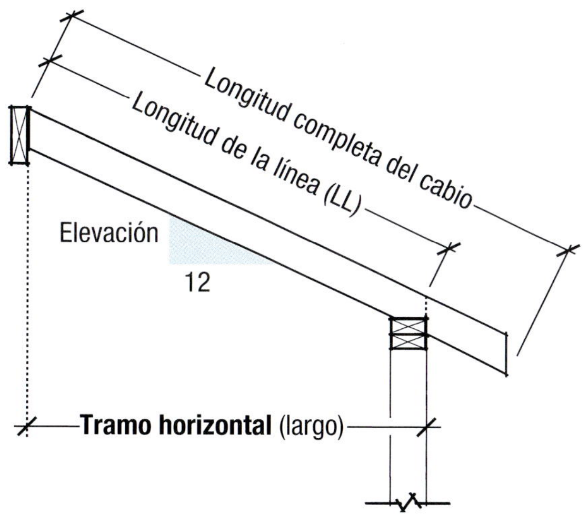

Grupo especie	Espaciamiento (pulg)	2x4 No. 1	2x4 No. 2	2x4 No. 1-2 (Can.)	2x6 No. 1	2x6 No. 2	2x6 No. 1-2 (Can.)	2x8 No. 1	2x8 No. 2	2x8 No. 1-2 (Can.)	2x10 No. 1	2x10 No. 2	2x10 No. 1-2 (Can.)
D-Fir-L	12	9-8	9-6	9-3	14-9	14-0	13-7	18-8	17-8	17-2	22-9	21-7	21-0
	16	8-9	8-3	8-0	12-9	12-1	11-9	16-2	15-4	14-11	19-9	18-9	18-2
	24	7-1	6-9	6-7	10-5	9-10	9-7	13-2	12-6	12-2	16-1	15-3	14-10
SPF	12	—	—	9-1	—	—	13-9	—	—	17-5	—	—	21-4
	16	—	—	8-2	—	—	11-11	—	—	15-1	—	—	18-5
	24	—	—	6-8	—	—	9-9	—	—	12-4	—	—	15-1
Hem-Fir	12	9-3	8-10	9-6	14-6	13-7	14-9	18-5	17-2	18-8	22-6	21-0	22-9
	16	8-5	8-0	8-7	12-7	11-9	12-9	15-11	14-11	16-2	19-6	18-2	19-9
	24	7-0	6-7	7-1	10-3	9-7	10-5	13-0	12-2	13-2	15-11	14-10	16-1
SYP	12	9-8	9-6	—	15-2	14-5	—	20-0	18-8	—	24-9	22-3	—
	16	8-9	8-7	—	13-9	12-6	—	18-0	16-2	—	21-5	19-3	—
	24	7-8	7-1	—	11-9	10-2	—	14-9	13-2	—	17-6	15-9	—

ENTRAMADO: Tramos de cabios

Figura 74. Tramos máximos horizontales permisibles (pies-pulg)

Cabios: Carga viva de 30 psf; carga muerta de 10 psf. Región en la que nieva. Cobertura liviana de techo. Cielo raso de tablero de yeso. Sin ático.

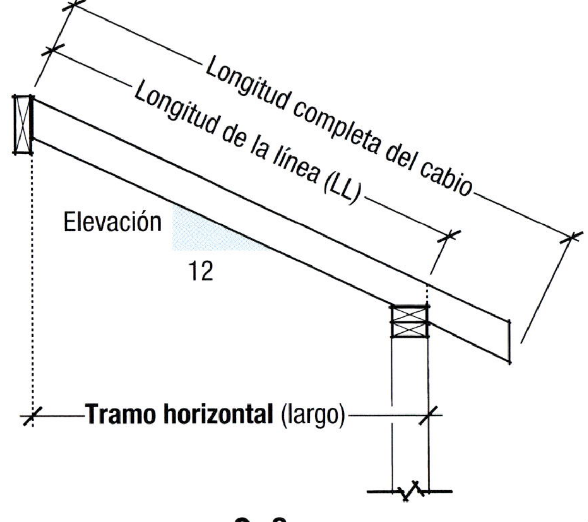

Grupo especie	Espaciamiento (pulg)	2x6 No. 1	2x6 No. 2	2x6 No. 1-2 (Can.)	2x8 No. 1	2x8 No. 2	2x8 No. 1-2 (Can.)	2x10 No. 1	2x10 No. 2	2x10 No. 1-2 (Can.)	2x12 No. 1	2x12 No. 2	2x12 No. 1-2 (Can.)
D-Fir-L	12	13-9	13-6	13-6	18-2	17-8	17-2	22-9	21-7	21-0	26-5	25-1	24-4
	16	12-6	12-1	11-9	16-2	15-4	14-11	19-9	18-9	18-2	22-10	21-8	21-1
	24	10-5	9-10	9-7	13-2	12-6	12-2	16-1	15-3	14-10	18-8	17-9	17-3
SPF	12	—	—	12-11	—	—	17-0	—	—	21-4	—	—	24-8
	16	—	—	11-9	—	—	15-1	—	—	18-5	—	—	21-5
	24	—	—	9-9	—	—	12-4	—	—	15-1	—	—	17-6
Hem-Fir	12	13-3	12-7	13-6	17-5	16-7	17-10	22-3	21-0	22-9	26-1	24-4	26-5
	16	12-0	11-5	12-3	15-10	14-11	16-2	19-6	18-2	19-9	22-7	21-1	22-10
	24	10-3	9-7	10-5	13-0	12-2	13-2	15-11	14-10	16-1	18-5	17-3	18-8
SYP	12	13-9	13-6	—	18-2	17-10	—	23-2	22-3	—	28-2	26-1	—
	16	12-6	12-3	—	16-6	16-2	—	21-1	19-3	—	25-7	22-7	—
	24	10-11	10-2	—	14-5	13-2	—	17-6	15-9	—	20-10	18-5	—

Figura 75. Tramos máximos horizontales permisibles (pies-pulg)

Cabios: Carga viva de 30 psf; carga muerta de 20 psf. Región en la que nieva. Cobertura pesada de techo. Sin cielo raso de tablero de yeso.

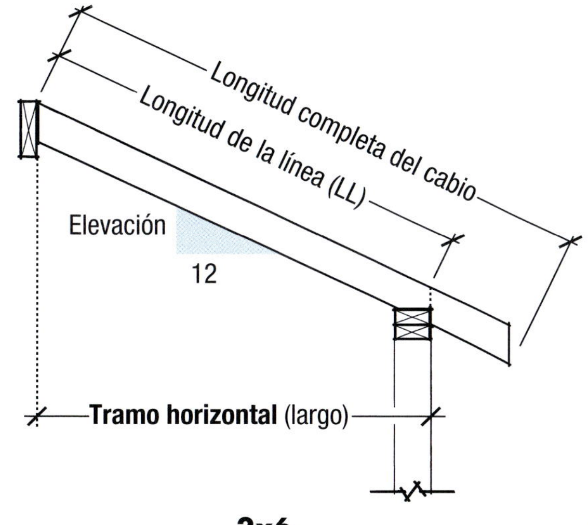

Grupo especie	Espaciamiento (pulg)	2x4 No. 1	2x4 No. 2	2x4 No. 1-2 (Can.)	2x6 No. 1	2x6 No. 2	2x6 No. 1-2 (Can.)	2x8 No. 1	2x8 No. 2	2x8 No. 1-2 (Can.)	2x10 No. 1	2x10 No. 2	2x10 No. 1-2 (Can.)
D-Fir-L	12	9-0	8-6	8-4	13-2	12-6	12-2	16-8	15-10	15-4	20-4	19-4	18-9
	16	7-10	7-5	7-2	11-5	10-10	10-6	14-5	13-8	13-4	17-8	16-9	16-3
	24	6-4	6-0	5-10	9-4	8-10	8-7	11-9	11-2	10-10	14-5	13-8	13-3
SPF	12	—	—	8-5	—	—	12-4	—	—	15-7	—	—	19-1
	16	—	—	7-3	—	—	10-8	—	—	13-6	—	—	16-6
	24	—	—	5-11	—	—	8-9	—	—	11-0	—	—	13-6
Hem-Fir	12	8-11	8-4	9-0	13-0	12-2	13-2	16-6	15-4	16-8	20-1	18-9	20-4
	16	7-8	7-2	7-10	11-3	10-6	11-5	14-3	13-4	14-5	17-5	16-3	17-8
	24	6-3	5-10	6-4	9-2	8-7	9-4	11-8	10-10	11-9	14-3	13-3	14-5
SYP	12	9-8	9-0	—	14-10	12-11	—	18-8	16-8	—	22-2	19-11	—
	16	8-8	7-9	—	12-10	11-2	—	16-2	14-5	—	19-2	17-3	—
	24	7-1	6-4	—	10-6	9-1	—	13-2	11-10	—	15-8	14-1	—

Figura 76. Tramos máximos horizontales permisibles (pies-pulg)

Cabios: Carga viva de 30 psf; carga muerta de 20 psf. Región en la que nieva. Cobertura pesada de techo. Cielo raso de tablero de yeso. Sin ático.

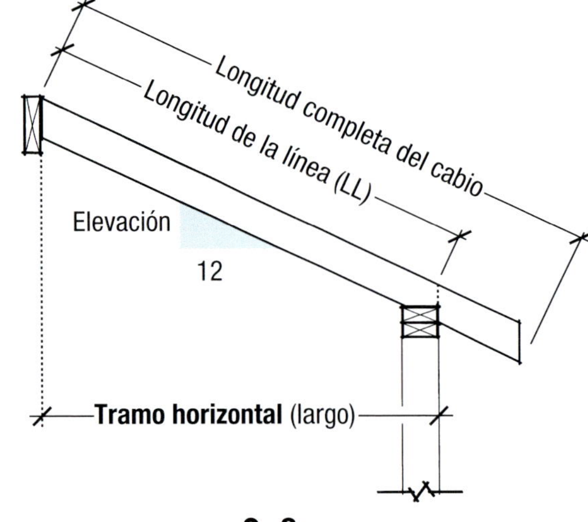

Grupo especie	Espaciamiento (pulg)	2x6 No. 1	2x6 No. 2	2x6 No. 1-2 (Can.)	2x8 No. 1	2x8 No. 2	2x8 No. 1-2 (Can.)	2x10 No. 1	2x10 No. 2	2x10 No. 1-2 (Can.)	2x12 No. 1	2x12 No. 2	2x12 No. 1-2 (Can.)
D-Fir-L	12	13-2	12-6	12-2	16-8	15-10	15-4	20-4	19-4	18-9	23-7	22-5	21-9
	16	11-5	10-10	10-6	14-5	13-8	13-4	17-8	16-9	16-3	20-5	19-5	18-10
	24	9-4	8-10	8-7	11-9	11-2	10-10	14-5	13-8	13-3	16-8	15-10	15-5
SPF	12	—	—	12-4	—	—	15-7	—	—	19-1	—	—	22-1
	16	—	—	10-8	—	—	13-6	—	—	16-6	—	—	19-2
	24	—	—	8-9	—	—	11-0	—	—	13-6	—	—	15-7
Hem-Fir	12	13-0	12-2	13-2	16-6	15-4	16-8	20-1	18-9	20-4	23-4	21-9	23-7
	16	11-3	10-6	11-5	14-3	13-4	14-5	17-5	16-3	17-8	20-2	18-10	20-5
	24	9-2	8-7	9-4	11-8	10-10	11-9	14-3	13-3	14-5	16-6	15-5	16-8
SYP	12	13-9	12-11	—	18-2	16-8	—	22-2	19-11	—	26-5	23-4	—
	16	12-6	11-2	—	16-2	14-5	—	19-2	17-3	—	22-10	20-2	—
	24	10-6	9-1	—	13-2	11-10	—	15-8	14-1	—	18-8	16-6	—

Figura 77. Tramos máximos horizontales permisibles (pies-pulg)

Cabios: Carga viva de 40 psf; carga muerta de 10 psf. Región en la que nieva. Cobertura liviana de techo. Sin cielo raso de tablero de yeso.

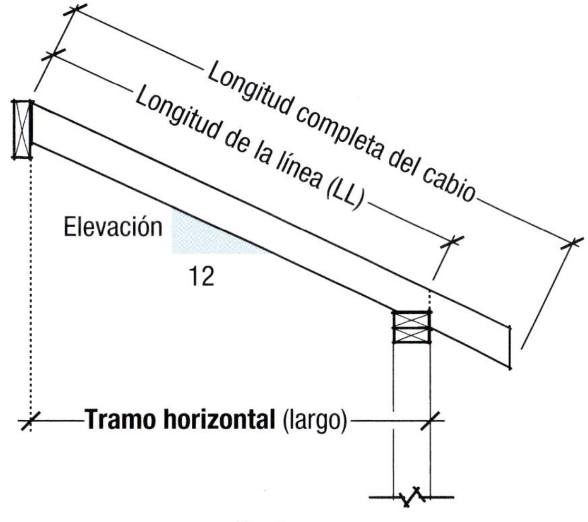

Grupo especie	Espaciamiento (pulg)	2x4 No. 1	2x4 No. 2	2x4 No. 1-2 (Can.)	2x6 No. 1	2x6 No. 2	2x6 No. 1-2 (Can.)	2x8 No. 1	2x8 No. 2	2x8 No. 1-2 (Can.)	2x10 No. 1	2x10 No. 2	2x10 No. 1-2 (Can.)
D-Fir-L	12	8-9	8-6	8-4	13-2	12-6	12-2	16-8	15-10	15-4	20-4	19-4	18-9
	16	7-10	7-5	7-2	11-5	10-10	10-6	14-5	13-8	13-4	17-8	16-9	16-3
	24	6-4	6-0	5-10	9-4	8-10	8-7	11-9	11-2	10-10	14-5	13-8	13-3
SPF	12	—	—	8-3	—	—	12-4	—	—	15-7	—	—	19-1
	16	—	—	7-3	—	—	10-8	—	—	13-6	—	—	16-6
	24	—	—	5-11	—	—	8-9	—	—	11-0	—	—	13-6
Hem-Fir	12	8-5	8-0	8-7	13-0	12-2	13-2	16-6	15-4	16-8	20-1	18-9	20-4
	16	7-8	7-2	7-10	11-3	10-6	11-5	14-3	13-4	14-5	17-5	16-3	17-8
	24	6-3	5-10	6-4	9-2	8-7	9-4	11-8	10-10	11-9	14-3	13-3	14-5
SYP	12	8-9	8-7	—	13-9	12-11	—	18-2	16-8	—	22-2	19-11	—
	16	8-0	7-9	—	12-6	11-2	—	16-2	14-5	—	19-2	17-3	—
	24	7-0	6-4	—	10-6	9-1	—	13-2	11-10	—	15-8	14-1	—

ENTRAMADO: Tramos de cabios

Figura 78. Tramos máximos horizontales permisibles (pies-pulg)

Cabios: Carga viva de 40 psf; carga muerta de 10 psf. Región en la que nieva. Cobertura liviana de techo. Cielo raso de tablero de yeso. Sin ático.

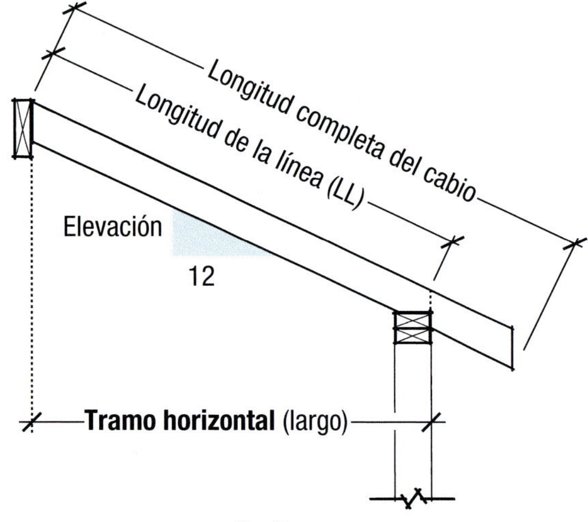

Grupo especie	Espaciamiento (pulg)	2x6 No. 1	2x6 No. 2	2x6 No. 1-2 (Can.)	2x8 No. 1	2x8 No. 2	2x8 No. 1-2 (Can.)	2x10 No. 1	2x10 No. 2	2x10 No. 1-2 (Can.)	2x12 No. 1	2x12 No. 2	2x12 No. 1-2 (Can.)
D-Fir-L	12	12-6	12-3	12-2	16-6	15-10	15-4	20-4	19-4	18-9	23-7	22-5	21-9
	16	11-5	10-10	10-6	14-5	13-8	13-4	17-8	16-9	16-3	20-5	19-5	18-10
	24	9-4	8-10	8-7	11-9	11-2	10-10	14-5	13-8	13-3	16-8	15-10	15-5
SPF	12	—	—	11-9	—	—	15-6	—	—	19-1	—	—	22-1
	16	—	—	10-8	—	—	13-6	—	—	16-6	—	—	19-2
	24	—	—	8-9	—	—	11-0	—	—	13-6	—	—	15-7
Hem-Fir	12	12-0	11-5	12-3	15-10	15-1	16-2	20-1	18-9	20-4	23-4	21-9	23-7
	16	10-11	10-5	11-2	14-3	13-4	14-5	17-5	16-3	17-8	20-2	18-10	20-5
	24	9-2	8-7	9-4	11-8	10-10	11-9	14-3	13-3	14-5	16-6	15-5	16-8
SYP	12	12-6	12-3	—	16-6	16-2	—	21-1	19-11	—	25-7	23-4	—
	16	11-5	11-2	—	15-0	14-5	—	19-2	17-3	—	22-10	20-2	—
	24	9-11	9-1	—	13-1	11-10	—	15-8	14-1	—	18-8	16-6	—

Figura 79. Tramos máximos horizontales permisibles (pies-pulg)

Cabios: Carga viva de 40 psf; carga muerta de 15 psf. Región en la que nieva. Cobertura del techo de peso medio. Sin cielo raso de tablero de yeso.

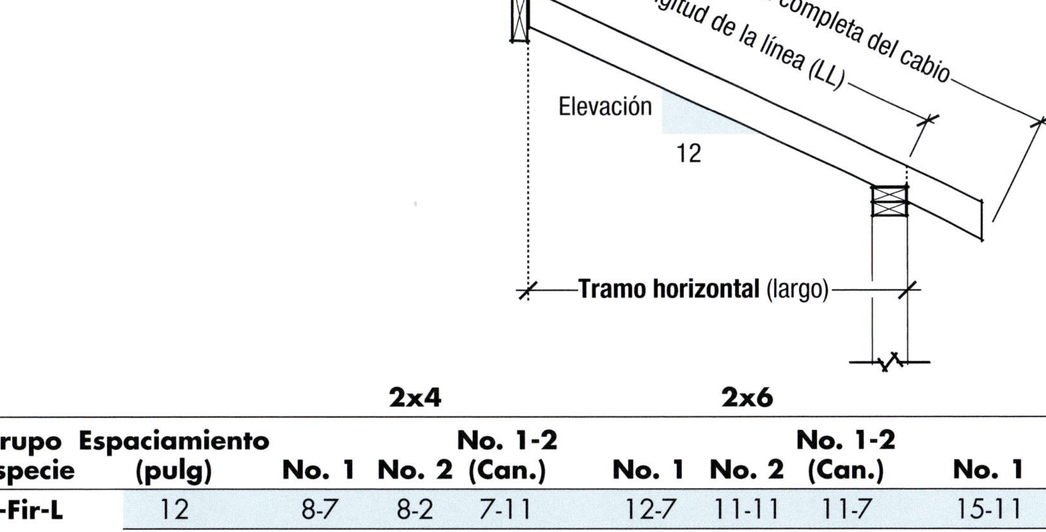

Grupo especie	Espaciamiento (pulg)	2x4 No. 1	2x4 No. 2	2x4 No. 1-2 (Can.)	2x6 No. 1	2x6 No. 2	2x6 No. 1-2 (Can.)	2x8 No. 1	2x8 No. 2	2x8 No. 1-2 (Can.)	2x10 No. 1	2x10 No. 2	2x10 No. 1-2 (Can.)
D-Fir-L	12	8-7	8-2	7-11	12-7	11-11	11-7	15-11	15-1	14-8	19-5	18-5	17-11
	16	7-5	7-1	6-10	10-10	10-4	10-0	13-9	13-1	12-8	16-10	15-11	15-6
	24	6-1	5-9	5-7	8-11	8-5	8-2	11-3	10-8	10-4	13-9	13-0	12-8
SPF	12	—	—	8-0	—	—	11-9	—	—	14-10	—	—	18-2
	16	—	—	6-11	—	—	10-2	—	—	12-11	—	—	15-9
	24	—	—	5-8	—	—	8-4	—	—	10-6	—	—	12-10
Hem-Fir	12	8-5	7-11	8-7	12-5	11-7	12-7	15-8	14-8	15-11	19-2	17-11	19-5
	16	7-4	6-10	7-5	10-9	10-0	10-10	13-7	12-8	13-9	16-7	15-6	16-10
	24	6-0	5-7	6-1	8-9	8-2	8-11	11-1	10-4	11-3	13-7	12-8	13-9
SYP	12	8-9	8-7	—	13-9	12-4	—	17-9	15-11	—	21-1	19-0	—
	16	8-0	7-5	—	12-3	10-8	—	15-5	13-9	—	18-3	16-5	—
	24	6-9	6-1	—	10-0	8-8	—	12-7	11-3	—	14-11	13-5	—

ENTRAMADO: Tramos de cabios

Figura 80. Tramos máximos horizontales permisibles (pies-pulg)

Cabios: Carga viva de 40 psf; carga muerta de 15 psf. Región en la que nieva. Cobertura del techo de peso medio. Cielo raso de tablero de yeso. Sin ático.

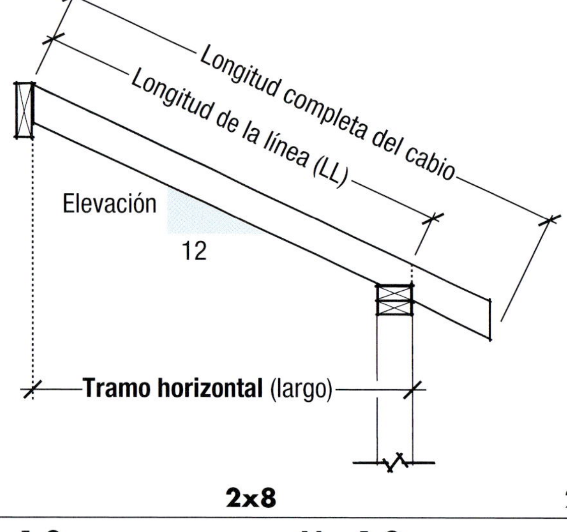

Grupo especie	Espaciamiento (pulg)	2x6 No. 1	2x6 No. 2	2x6 No. 1-2 (Can.)	2x8 No. 1	2x8 No. 2	2x8 No. 1-2 (Can.)	2x10 No. 1	2x10 No. 2	2x10 No. 1-2 (Can.)	2x12 No. 1	2x12 No. 2	2x12 No. 1-2 (Can.)
D-Fir-L	12	12-6	11-11	11-7	15-11	15-1	14-8	19-5	18-5	17-11	22-6	21-4	20-9
	16	10-10	10-4	10-0	13-9	13-1	12-8	16-10	15-11	15-6	19-6	18-6	18-0
	24	8-11	8-5	8-2	11-3	10-8	10-4	13-9	13-0	12-8	15-11	15-1	14-8
SPF	12	—	—	11-9	—	—	14-10	—	—	18-2	—	—	21-1
	16	—	—	10-2	—	—	12-11	—	—	15-9	—	—	18-3
	24	—	—	8-4	—	—	10-6	—	—	12-10	—	—	14-11
Hem-Fir	12	12-0	11-5	12-3	15-8	14-8	15-11	19-2	17-11	19-5	22-3	20-9	22-6
	16	10-9	10-0	10-10	13-7	12-8	13-9	16-7	15-6	16-10	19-3	18-0	19-6
	24	8-9	8-2	8-11	11-1	10-4	11-3	13-7	12-8	13-9	15-9	14-8	15-11
SYP	12	12-6	12-3	—	16-6	15-11	—	21-1	19-0	—	25-2	22-3	—
	16	11-5	10-8	—	15-0	13-9	—	18-3	16-5	—	21-9	19-3	—
	24	9-11	8-8	—	12-7	11-3	—	14-11	13-5	—	17-9	15-9	—

Figura 81. Tramos máximos horizontales permisibles (pies-pulg)

Cabios: Carga viva de 50 psf; carga muerta de 10 psf. Región en la que nieva. Cobertura liviana de techo. Cielo raso de tablero de yeso. Sin ático.

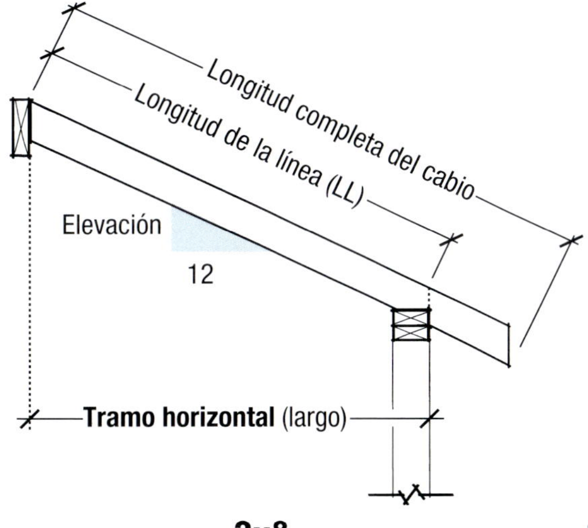

Grupo especie	Espaciamiento (pulg)	2x6 No. 1	2x6 No. 2	2x6 No. 1-2 (Can.)	2x8 No. 1	2x8 No. 2	2x8 No. 1-2 (Can.)	2x10 No. 1	2x10 No. 2	2x10 No. 1-2 (Can.)	2x12 No. 1	2x12 No. 2	2x12 No. 1-2 (Can.)
D-Fir-L	12	11-8	11-5	11-1	15-3	14-5	14-0	18-7	17-8	17-2	21-7	20-5	19-11
	16	10-5	9-10	9-7	13-2	12-6	12-2	16-1	15-3	14-10	18-8	17-9	17-3
	24	8-6	8-1	7-10	10-9	10-3	9-11	13-2	12-6	12-1	15-3	14-6	14-1
SPF	12	—	—	10-11	—	—	14-3	—	—	17-5	—	—	20-2
	16	—	—	9-9	—	—	12-4	—	—	15-1	—	—	17-6
	24	—	—	7-11	—	—	10-1	—	—	12-4	—	—	14-3
Hem-Fir	12	11-2	10-8	11-5	14-8	14-0	15-0	18-4	17-2	18-7	21-3	19-11	21-7
	16	10-2	9-7	10-4	13-0	12-2	13-2	15-11	14-10	16-1	18-5	17-3	18-8
	24	8-5	7-10	8-6	10-8	9-11	10-9	13-0	12-1	13-2	15-1	14-1	15-3
SYP	12	11-8	11-5	—	15-4	15-0	—	19-7	18-2	—	23-9	21-4	—
	16	10-7	10-2	—	13-11	13-2	—	17-6	15-9	—	20-10	18-5	—
	24	9-3	8-4	—	12-0	10-9	—	14-4	12-10	—	17-0	15-1	—

ENTRAMADO: Tramos de cabios

Figura 82. Tramos máximos horizontales permisibles (pies-pulg)

Cabios: Carga viva de 50 psf; carga muerta de 15 psf. Región en la que nieva. Cobertura del techo de peso medio. Cielo raso de tablero de yeso. Sin ático.

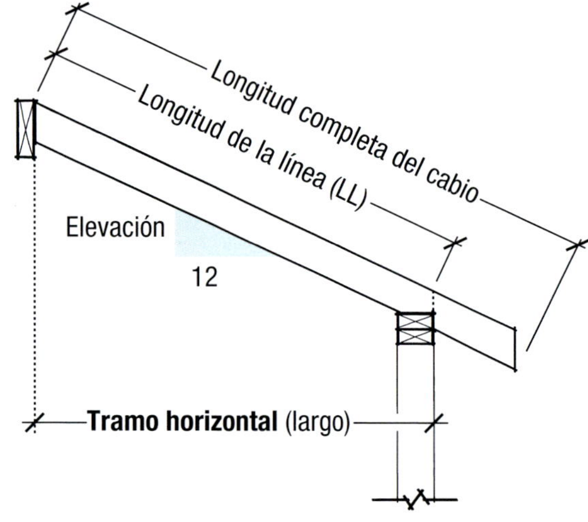

Grupo especie	Espaciamiento (pulg)	2x6 No. 1	2x6 No. 2	2x6 No. 1-2 (Can.)	2x8 No. 1	2x8 No. 2	2x8 No. 1-2 (Can.)	2x10 No. 1	2x10 No. 2	2x10 No. 1-2 (Can.)	2x12 No. 1	2x12 No. 2	2x12 No. 1-2 (Can.)
D-Fir-L	12	11-7	10-11	10-8	14-7	13-10	13-6	17-10	16-11	16-6	20-9	19-8	19-1
	16	10-0	9-6	9-3	12-8	12-0	11-8	15-6	14-8	14-3	17-11	17-0	16-6
	24	8-2	7-9	7-6	10-4	9-10	9-6	12-8	12-0	11-8	14-8	13-11	13-6
SPF	12	—	—	10-10	—	—	13-8	—	—	16-9	—	—	19-5
	16	—	—	9-4	—	—	11-10	—	—	14-6	—	—	16-9
	24	—	—	7-8	—	—	9-8	—	—	11-10	—	—	13-8
Hem-Fir	12	11-2	10-8	11-5	14-5	13-6	14-7	17-8	16-6	17-10	20-5	19-1	20-9
	16	9-10	9-3	10-0	12-6	11-8	12-8	15-3	14-3	15-6	17-9	16-6	17-11
	24	8-1	7-6	8-2	10-3	9-6	10-4	12-6	11-8	12-8	14-6	13-6	14-8
SYP	12	11-8	11-4	—	15-4	14-8	—	19-5	17-6	—	23-2	20-6	—
	16	10-7	9-10	—	13-11	12-8	—	16-10	15-1	—	20-0	17-9	—
	24	9-2	8-0	—	11-7	10-4	—	13-9	12-4	—	16-4	14-6	—